奇怪的滅絕動物圖鑑

超可惜！

沼笠航／著　張東君／譯

松岡敬二／監修　蔡政修／審訂

遠流

目　錄

PART 2 新生代第四紀①更新世························45

PART 3 新生代第四紀②全新世……………………**73**

📕 **新生代第四紀全新世**…………**74**

滅絕新聞 **應已滅絕的夢幻魚類**…………**74**

本書的閱讀方式

前頁

在各章名頁後有該時代的氣候狀況、主要的動植物等的說明。

物種的中文名和學名。

該物種生存至滅絕的時代。

後頁

後頁是關於該動物的各種話題。也有能讓你感到「怎麼會這樣」的軼事喔！

分類、全長、推測體重、分布地域、滅絕年代等基本資料，以及小知識。請想像牠們的實際大小。

●單頁的頁面則是……

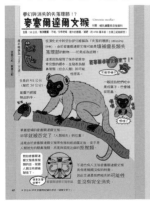

物種名、分類、全長、推測體重、分布地域、滅絕年代等基本資料。

對該物種已知的生態、研究結果等說明。

邊框顏色表示不同的動物類別：哺乳類為粉紅色，鳥類為藍色，魚類為棕色，爬蟲類為綠色，兩生類為紫色。

地球的歷史及生物的變遷

在本書中登場的動物，現在都已經無法看到牠們活著的樣貌了。這些生活在遠古時代的動物痕跡，只能透過化石來了解。

根據地層中發現的化石年代為基準而做區分的年代，稱為地質年代。從下表可以簡單的看出，前寒武紀時代是以地球誕生、原始生命誕生的時代為區分，接著是以各種生物的出現和演化來劃分的時代。

新生代	哺乳類的時代	第四紀	…人類出現，人類的時代。	現代
		新第三紀	…哺乳類種類多樣化，人類的祖先誕生。	
		古第三紀	…大型哺乳動物出現。	
中生代	爬蟲類的時代	白堊紀	⎫ 恐龍等大型爬蟲類、菊石的全盛時代。	約6600萬年前
		侏儸紀	⎭	
		三疊紀	…恐龍出現、哺乳類的祖先出現。	
古生代	兩生類的時代	二疊紀	…史上最大的大量滅絕。（→p.128）	約2億5100萬年前
		石炭紀	…巨大蕨類植物形成大森林。	
	魚類的時代	泥盆紀	…魚類的繁盛時期，兩生類出現。	
		志留紀	…陸生植物出現。	
	無脊椎動物的時代	奧陶紀	…魚類登場、臭氧層形成、生物登上陸地。	
		寒武紀	…寒武紀大爆發，出現多樣的生物。	
前寒武紀時代			…地球誕生、原始生命的誕生。	約5億4200萬年前
				約46億年前

新生代是什麼？

本書中介紹的是生活於6600萬年前到現代的新生代動物。
新生代可再細分如右圖。

新生代	第四紀		全新世	現代
				1萬年前
			更新世	258萬年前
	第三紀	新第三紀	上新世	530萬年前
			中新世	2300萬年前
			漸新世	3400萬年前
		古第三紀	始新世	5600萬年前
			古新世	6600萬年前

新 ↑ 古

＊仿童話《花開爺爺》的情節。

滅絕是什麼？

所謂滅絕，是指一個生物種的所有個體都死亡殆盡。滅絕的定義在IUCN（國際自然保護聯盟）訂為「即使經過澈底的調查，仍未發現任何個體」，而日本環境省則定義為「在過去的50年間，沒有獲得可信的棲息情報」。

為什麼會滅絕？原因是什麼？

許多出現在地球上的動物，**重複著因各式各樣的原因滅絕、再演化的過程**。現今已不存在的動物滅絕原因，可列出下面幾項：

案例一　環境的變化

在地球的漫長歷史中，曾發生因隕石的撞擊或火山爆發、大陸漂移等引起**劇烈的環境變化**。例如：火山爆發所噴發的火山灰遮蔽大地，導致**氣溫急劇下降**，使草食動物賴以為生的植物無法生長，失去食物的草食動物數量驟減，而以草食動物為食的肉食動物也跟著滅絕。

案例二　演化的影響

從動物演化的過程中出現各種各樣的動物可知，演化並不具方向性。**偶然適應當時環境而存活下來的個體將生命綿延至今，無法適應環境的就滅絕了**。

案例三　因人類的影響

到人類登場之前，就有許多動物因環境變化而滅絕了。但是隨著**人類登場，人類活動變得頻繁**，破壞自然及汙染環境等問題加劇，動物因而**失去棲息場所**，或是被盜獵**濫捕**、因襲擊家畜被**撲殺**等，於是滅絕的動物就變得更多了。

生物因人類而滅絕的機制

一般來說，生物滅絕的原因並不會只有一個。通常認為是由於各種可能使個體數減少的因素交疊加成，導致個體數劇烈驟減，最後就滅絕了，這樣的現象稱為**滅絕漩渦**。

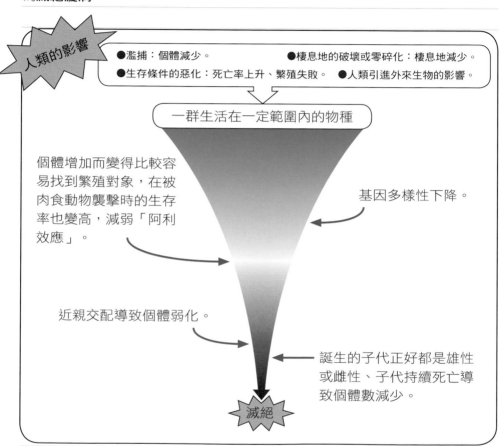

人類的影響

● 濫捕：個體減少。　　　　　　　● 棲息地的破壞或零碎化：棲息地減少。

● 生存條件的惡化：死亡率上升、繁殖失敗。　● 人類引進外來生物的影響。

一群生活在一定範圍內的物種

個體增加而變得比較容易找到繁殖對象，在被肉食動物襲擊時的生存率也變高，減弱「阿利效應」。

基因多樣性下降。

近親交配導致個體弱化。

誕生的子代正好都是雄性或雌性、子代持續死亡導致個體數減少。

滅絕

生物滅絕會造成什麼問題？

我們因為接受了**大自然的恩惠**，才能獲得**食物、衣物或醫療用品**等事物，讓我們能夠生活下去。動物的滅絕直接導致這些**資源流失**。此外，經歷漫長時間演化而來的生物，由於人類的任性而導致滅絕，可說是過於以人類為本位了吧！身為地球生物的一員，**尊重他種生物與其共存**，應該是今後所有人類的責任才對。

向滅絕說 NO

渡渡鳥

PART 1

新生代古第三紀

6600 萬年前 ～ 2300 萬年前

新第三紀

2300 萬年前 ～ 258 萬年前

新生代古第三紀・新第三紀

新生代古第三紀

期間	6600萬年前～2300萬年前
氣候	自中生代起，氣候持續維持平穩的。
主要動物	·小型的原始哺乳類種類變得多樣化，幾乎所有現存哺乳類的祖先都出現了。 ·現已滅絕的巨大肉食性鳥類位於食物鏈的頂端。
主要植物	·出現許多大型被子植物，其中熱帶植物廣泛分布於世界各地。 ·出現許多靠昆蟲傳播花粉的蟲媒花，同時也是禾本科等植物大量增加的時期。

新生代新第三紀

期間	2300萬年前～258萬年前
氣候	後半期氣候持續乾燥、寒冷化，南極陸地完全被冰河覆蓋，並在新第三紀上新世末期進入冰河期。
主要動物	犀牛和馬等奇蹄類，以及駱駝等偶蹄類哺乳動物。
主要植物	·隨著地球的寒冷化，古第三紀時廣泛分布在世界各地的熱帶植物，只剩現今的熱帶和亞熱帶有分布而已。 ·北半球的寒帶以落葉喬木為森林主體，南半球則是以殼斗科植物為主；此外，乾燥化也讓以禾本科植物為主的草原廣泛分布。

四肢苦短，鯨魚游泳吧
陸行鯨 <Ambulocetus>

在陸地行走的古鯨。

學名的意思是
「步行的鯨魚」。

屬害～

強又有力的尾巴！

據說全長
可達4公尺。

不只適應水
中生活，也
能在陸地上
行走！

嗚哇！

四肢偏短、
有蹼。

長而突出的
口部。

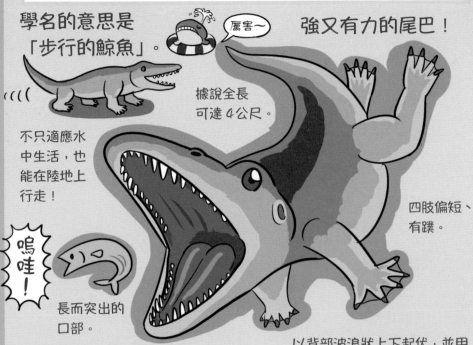

外觀像「長毛的鱷魚」。

鱷魚　　　　看什麼看　　　陸行鯨

也許能像鱷魚那樣，把大部分身體
沉在水中，窺視水面……

埋伏戰法 ♪　啪搭
啪搭
……
嗚哇！

以背部波浪狀上下起伏，並用
腳拍打的方式在海裡游泳。

游啊一游

ㄞ喲啊

在陸地上是像海獅般將腳前後
撥動的移動方式行走。

快跟上　　　　無法～

回到海洋

足跡是前往海洋的⋯⋯

哇～

鯨魚究竟是如何進出海洋，曾經是生物學上最大的謎團。

但在這幾十年間，從5500萬～3400萬年前的地層發現鯨魚化石，讓謎團逐漸被解開。

這個時代相當於原始的鯨魚從陸地往海洋移動的時期。
這時期的淺海很溫暖，有豐富的食物，再加上恐龍時代支配海洋的蛇頸龍、滄龍及大型爬蟲類已滅絕，讓大型捕食者的位置空了出來，這對生活在海洋的哺乳類來說，是絕佳的狀況。

陸行鯨掌握了鯨類演化的「關鍵」！
在陸行鯨的化石發現地附近，不但發現海中的螺類，也發現了陸生哺乳類的化石。
所以可以說這個物種的生活範圍包括了海水及淡水區域。

追悼

遺憾

兇猛恐龍

大好機會

失言的陸行鯨

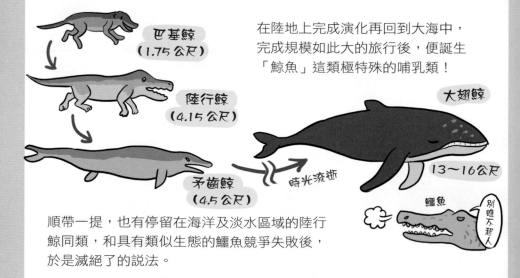

巴基鯨
(1.75公尺)

陸行鯨
(4.15公尺)

矛齒鯨
(4.5公尺)

時光流逝

在陸地上完成演化再回到大海中，
完成規模如此大的旅行後，便誕生
「鯨魚」這類極特殊的哺乳類！

大翅鯨

13～16公尺

鱷魚

別瞧不起人

順帶一提，也有停留在海洋及淡水區域的陸行鯨同類，和具有類似生態的鱷魚競爭失敗後，於是滅絕了的説法。

分　　　類：哺乳綱鯨偶蹄目陸行鯨科	全　　　長：4公尺
推測體重：不明	分布地域：現在的巴基斯坦、印度一帶
滅　　　絕：約 4900 萬年前（古第三紀始新世初期）	
備　　　註：又稱「走鯨」。一般認為由於沒有外耳（負責收集聲音的部位），在陸地可能會有些不方便。	

驚人的鳥類！？

冠恐鳥 〈Gastornis〉

繼恐龍之後的強大鳥類！？

生活在陸地的巨大鳥類！
也叫做「不飛鳥」。

鴿子

體長超過2公尺！

翅膀很小，無法飛行。

沒必要飛啊！

已經夠強壯了

我也是

帝王企鵝

最大特徵
是大型嘴喙！

這是俺？

G 好吃 巧克力球 *

被認為是肉食性
動物……

嗚哇！

鼠夫！

果實

嗦？

啥事？

怎麼了

鼠夫

以強健的
雙腳迅速
跑步！

2012 年時發現
約 15 公分大的
腳印化石。

但是由於嘴喙前端並
不尖銳，於是也有「其實
是以植物為食」的說法。

以前也有
30 公分
的化石！

好大啊！

＊ 仿日本森永大嘴鳥巧克力球。

古第三紀・新第三紀

15

6500萬年前，鳥類度過了白堊紀末期大滅絕的難關。
大滅絕之後，鳥類的種類開始多樣化，
幾乎所有現生的鳥類類群都在那個時期出現了，
鳥類取代了翼龍，開始主宰天空。
然而在陸域生態系中，「強大的肉食動物」
的地位卻空著。

沒天理啊

真的

**據說不只是天空，鳥類竟然也曾在某個時期
跟哺乳類競爭陸地上的支配權呢！**
冠恐鳥就是這種強大的鳥類。

VS

新鮮現吃

據說冠恐鳥的消失，
是因為崛起的肉食哺乳類把牠們的蛋都吃掉了，
或是和肉食哺乳類爭奪獵物時輸掉了。

鳥之王

舉高高

真好

真好

國王殿下～

如果當初冠恐鳥活下來了，現在的
草原可能就是另一種風景。

分　　類	：鳥綱雞雁總目冠恐鳥科	全　　長	：約2公尺
推測體重	：不明 200 ～ 500 公斤	分布地域	：北美、歐洲
滅　　絕	：約 5000 萬年前（古第三紀始新世）		
備　　註	：雖然以前被認為是屬於鶴形目，但近年來 　則有屬於雞雁總目的說法。		

長長的獠牙！
袋劍虎 <Thylacosmilus atrox>

肉食性有袋類為何消失了？

700萬年前，位居南美生態系頂端的有袋類！

雖然和食肉目（貓型亞目）的劍齒虎非常相像，
但卻和無尾熊及袋鼠同屬於「有袋類」。

劍齒虎　袋劍虎　無尾熊　袋鼠

真意外啊

有袋類的故鄉在中亞！
因為那時的陸地相連，
有袋類便從阿留申群
島擴散到南北美洲，
再經由南極大陸廣
布到澳洲。

具有扁平、又長
又尖的犬齒。

為了能自在的使用犬齒，
上下顎可以張開至
120度。

在下顎有個長長的突
出部位，能像「劍鞘」
一樣保護一輩子都在
持續生長的犬齒。

有著粗而強壯的四肢，會用
前腳壓住獵物。

曾經是威風凜
凜的強大肉
食動物吧？

劍齒武士

17

長長的獠牙很強壯？

具有華麗長牙的袋劍虎，
讓人以為牠的咬合力一定也很強吧！
但是，據説實際上**袋劍虎上下顎的力量
極度的弱！**

由於腳程速度並沒有很快，所以選擇
埋伏襲擊獵物的策略。

一般認為牠們的策略是先用脖子的肌肉
將犬齒往下揮，刺穿獵物，再等待獵物
失血而死。

即使袋劍虎的上下顎力量很弱，但仍是強壯有力的肉食動物霸主，
卻被迫與來自北美大陸的敏捷大型食肉目動物競爭！

若只是悠哉的等待獵
物失血死亡的話，是
沒辦法生存的。
**由於捕食獵物變得更
困難，使袋劍虎消失
了蹤影。**

分　　類	哺乳綱雙門齒目袋劍虎科	全　　長	1.2～1.7 公尺
推測體重	80～120 公斤	分布地域	南美（阿根廷）
滅　　絕	約 300 萬年前（新第三紀上新世後期）		
備　　註	一般認為牠的牙齒只有犬齒和臼齒。		

奇妙的牙齒和身體！
束柱齒獸 <Desmostylus>

日本自豪的世界級珍稀滅絕動物！？

在日本廣泛分布，**外型乍看之下很像河馬的哺乳類！**

由於臼齒的形狀很像一束柱狀物，於是就被稱為「束柱目」。

← 4公分

看起來像海苔捲的牙齒。

束柱卷

屬害

南南東*

以為是海苔卷

嚼

應該不是吧

用這種**特殊的牙齒**吃什麼仍舊不清楚……

牙齒由6～7個筒狀物聚集構成。

下顎

身體像河馬般粗胖。

四肢短而結實，腳很大！

又粗又壯

相撲束柱齒獸

仔細看腳和身體相連的位置，就會發現跟河馬不同。

好舒服～～

帕搭

帕搭

據說比起在岸邊行走，更常在海岸附近游泳。

牠們把耳朵、眼睛、鼻子露出水面窺伺的樣子，應該已經適應水中的生活了。

有另一種說法認為，牠的生活環境附近有海象，也是牠滅絕的原因之一。

抱歉啊

* 日本人在節分祭時，會對著那年的「惠方」（吉祥的方向）吃惠方卷（海苔卷壽司）來討吉利，但在吃完前不可以說話。

來自日本的束柱齒獸

束柱齒獸類（束柱目）是很特別的滅絕哺乳類。
除了骨骼和牙齒的形狀很獨特，牠們的生態仍充滿謎題，
就連牠們的起源也都還不清楚。

足寄束柱齒獸
古矛盾獸

束柱目不知為何跟日本的
淵緣很深，特別是束柱齒獸和古矛
盾獸，在日本找到非常多的化石。

貝希摩斯獸
我♥日本

束柱目扭蛋
全4種
有隱藏版嗎？

儘管保存下來的日本動物化石並
不完整，但仍發現其他束柱目例如
足寄束柱齒獸和貝希摩斯獸等化石。
束柱目族群只靠日本產的化石就
可以收集齊全。

束柱目真不愧是「日本古生物」的代表動物。
為什麼束柱目的化石總是在日本發現呢？

在中新世中至後期，在日本周邊有許
多島嶼，也就有許多適合束柱目動物
棲息的海岸。
此外，當時全日本的氣候都很溫暖，
到處都有紅樹林，容易累積沉積物，
也就容易形成化石。這也是為何在日
本能發現許多化石的原因。

悠哉　悠哉

和日本結下奇妙因緣的索齒獸及同類們……
對於今後的新發現，日本人應該要
更加關注才是。

嘿，久等了
束柱壽司

分　　類：哺乳綱束柱目束柱齒獸科	全　　長：1.8 公尺
推測體重：200 公斤	分布地域：日本～北美大陸的太平洋
滅　　絕：約 1000 萬年前（新第三紀中新世後期）	沿岸
備　　註：雖然跟河馬很像，但從化石的研究，認為	
牠們的骨頭密度與海豚較相近。	

打敗並吃掉鯨魚的「蜥蜴之王」!?

似鯨龍王鯨 <Basilosaurus cetoides>

出現於 4000 萬年前的鯨類。

發現的當時**被誤認為爬蟲類**，所以將學名定意為「**蜥蜴**（saurus）**之王**（basilo）」的「*Basilosaurus*（龍王鯨）」。

長長的顎部有 44 顆尖銳的牙齒。

就說万是蜥蜴了！

你有意見嗎？

暴龍

全長為20～25公尺！
是從古第三紀始新世到新第三紀為止，發現**最大的哺乳類**。

在埃及的鯨魚谷博物館中展示著龍王鯨的化石。

雖然「恐龍」的命名者理查・歐文研究牙齒的化石後，下了龍王鯨是哺乳類的結論，並提倡「械齒鯨（*Zeuglodon*）」這個新的名字，但是卻沒能夠推翻原本的學名。

械齒鯨

太遲了……

小小的後腳

炎熱 炎熱 炎熱

好熱啊～

讓人想到巨大海蛇的長長身體。

臉在哪？

頭部相較於身體，非常的小～頭部的長度不到2公尺，小於全長的 1/10。

小臉

21

激鬥！超級鯨魚大戰

在這個時代的巨大鯨類並不是只有龍王鯨而已，
還有個差不多同年代的近緣種「矛齒鯨」。

由於腳程速度並沒有
很快，所以選擇埋伏
襲擊獵物的策略。

古代的偶像

小矛齒鯨

全長4.5～5.5公尺

看這邊

哇啊——

矛齒鯨鐵粉 →

從埃及的古第三紀始新世末期地層，
同時找到龍王鯨和矛齒鯨的化石，
並且找到在頭部有「齒痕」的矛齒鯨幼體，
比對那個齒痕的結果，發現了「犯人」是龍王鯨！

矛齒鯨
化石

好痛啊～

KEEP OUT　KEEP OUT　禁止進入

嗚哇！

嘎

小矛齒鯨

噗滋噗滋

龍王鯨是連同類也
吃的「大胃王」！

不知道是不是演化得過於特殊了，導致龍王鯨消失無蹤。
如果傳說中的生物「大海蛇」真的存在的話，
應該就長得像龍王鯨吧。
說不定牠現在仍在大海的某處……
這麼想是不是太不科學了呢？

是吧　嘎嘎　好壞心　大海蛇

分　　類：哺乳綱偶蹄目龍王鯨科	全　　長：20～25公尺
推測體重：17～20公噸	分布地域：北美、美國的海洋
滅　　絕：約3500～4000萬年前（古第三紀始新世後期）	
備　　註：也有一說，土耳其人深信存在的凡湖水怪，這種未確認生物（UMA）的 　　　　　真面目其實是龍王鯨的說法。	

史上最大陸生哺乳類
巨犀 <Paraceratherium>

堂堂君臨亞洲廣大草原的「動物之王」。

相對巨大的身體，頭部好像偏小。

將頭伸直可達 **7公尺**高，大概就是能把頭伸到三樓窗戶窺視的高度。

注視

體重最重可達 20 公噸。（2〜3隻非洲象的重量）

獨占其他草食動物吃不到的高處樹葉。

嚼

嚼

啊〜

當時還沒有長頸鹿。

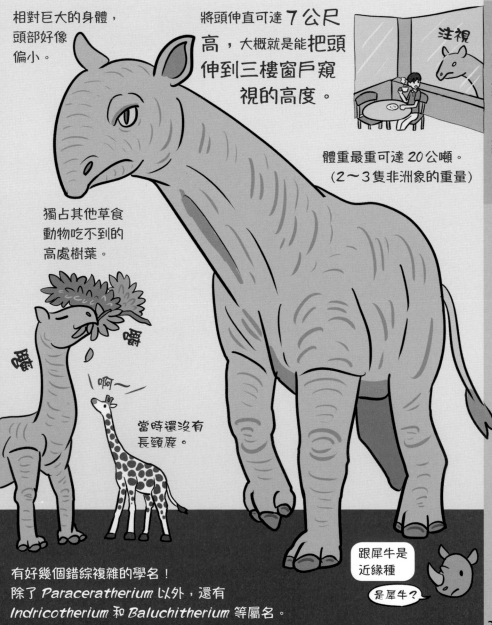

跟犀牛是近緣種

是犀牛？

有好幾個錯綜複雜的學名！
除了 *Paraceratherium* 以外，還有
Indricotherium 和 *Baluchitherium* 等屬名。

23

史上分量最大的衝刺

雖然巨犀具有不尋常的巨大身體，**但從牠們又長又強壯的腳，可以推測牠們的跑步速度應該相當快！**

骨骼輕盈，同時能保有強度。

兼具速度及巨大身體的無敵之「王」，縱然如此，**似乎仍無法勝過「環境變化」這個最強的敵人。**

地中海誕生於新第三紀中新世，在古第三紀末期時，海流及河川的流動發生巨大的變動，整個地球的氣溫持續下降，內陸已逐漸形成冰原。

一天需要吃約2.5公噸食物的巨犀，無法適應如此劇烈的變化。一般認為，巨犀的體型是哺乳類在陸地上所能維持的最大「極限」。

另一方面，在所有的哺乳類中，以全長33公尺、體重170公噸成為史上體型最大的藍鯨，則在海洋這種自由空間中存活到現在。

對擁有巨大身體的動物來說，陸地可能真的是個不自由的世界。

分　　類：哺乳綱奇蹄目跑犀科	全　　長：7～9公尺
推測體重：16～20公噸	分布地域：歐洲東部、亞洲
滅　　絕：約2400萬年前（古第三紀漸新世）	
備　　註：一般認為由於身體巨大，所以妊娠期為2年，且一次只產下一隻幼體，所以很難增加個體數量。	

北方大陸的擬企鵝

北海道鳥 <Hokkaidornis abashiriensis>

長得像企鵝卻不是企鵝。

鳥如其名，在 1987 年發現於**北海道**漸新世後期的地層中！

由於是在網走發現的，所以種名為「abashiri（網走）ensis」。

嗚哇

北海道

好有趣

真的很冷

從前認為牠們跟鵜鶘是近緣種，實際上跟「鸕鶿」比較接近，外型也像。日文名又叫「**北海道古大海雀**」。

嗚哇！

和企鵝一樣放棄空中飛行，改**以翅膀游泳**的鳥類。

北海道鳥是普魯托翼鳥類的化石中，找到最多部位的物種。

比企鵝在南半球廣泛棲息的時代晚了幾千萬年，北海道鳥才進入北半球的太平洋海域。但包含北海道鳥的普魯托翼鳥類皆通稱為「**擬企鵝**」！

企鵝和普魯托翼鳥被認為是不同物種，而是趨同進化（不同系統的動物在演化後變得外型相似）的例子之一。

普魯托翼鳥

體長 2 公尺！

企鵝大大～

你真的認錯了

我不認識那傢伙。

企鵝 油豆腐丸子

擬企鵝 油豆腐丸子

關東煮超好吃。

* 《黃金神威》是一部以明治末期的北海道為舞臺，描述戰爭英雄冒險、戰鬥的漫畫。

古第三紀・新第三紀

25

再見心愛的擬企鵝

在古第三紀北太平洋中數量眾多的
擬企鵝，現在卻消失無蹤。

約從2800萬年到2000萬年前之間，
是鯨類等海洋哺乳類的繁榮時期，
相反的，長得像企鵝的鳥類
（包含擬企鵝）卻逐漸
減少。由此可知，
長得像企鵝的鳥
類可能在爭奪
食物的競賽中
輸給鯨類（也
可能是跟海獅
或海豚競爭）。

黃金年代

嗚哇

黃金年代結束！

啊

——哇呢

2013年，**以CT斷層掃描分析擬企鵝的頭部化石，
再以3D影像復原牠們的腦後，發現牠們的腦形狀跟企鵝的很像。**

擬企鵝
（北海道鳥）

唉？

麥哲倫
企鵝

啪——

我是你
爸爸。

啊？

大爆料！

由於這個發現，**讓企鵝和擬企鵝不只是「碰巧長得像」，
很可能是同類的說法就變得更有力。**

「擬企鵝」這個失禮的名稱，有朝一日
也可能會被取消。

總有一天
我也會變成
「企鵝」

企鵝
油豆腐
丸子

並不會

分　　類：鳥綱鵜形目普魯托翼鳥科	全　　長：2公尺
推測體重：不明	分布地域：日本、北美等北太平洋沿岸
滅　　絕：約 2500 萬年前（古第三紀漸新世）	
備　　註：在牠們是企鵝近緣種的可能性出現後，有媒體做了「在北海道也有過企鵝嗎？」的報導。	

狗和貓的分歧
細齒獸 〈*Miacis*〉

地球最早的真正「食肉目」。

被認為是跟現今黃鼠狼和貂長得很像的動物！

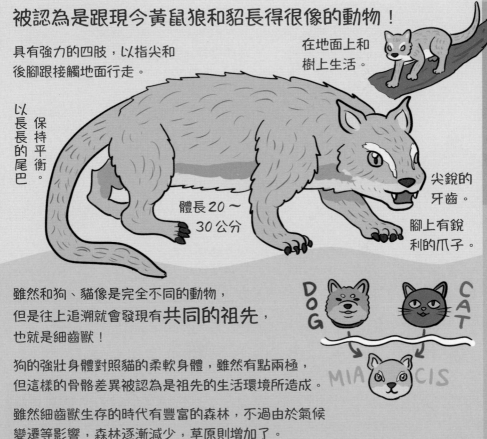

具有強力的四肢,以指尖和後腳跟接觸地面行走。

在地面上和樹上生活。

以長長的尾巴

保持平衡

尖銳的牙齒。

腳上有銳利的爪子。

體長20～30公分

雖然和狗、貓像是完全不同的動物,
但是往上追溯就會發現有**共同的祖先**,
也就是細齒獸!

DOG　CAT

MIACIS

狗的強壯身體對照貓的柔軟身體,雖然有點兩極,
但這樣的骨骼差異被認為是祖先的生活環境所造成。

雖然細齒獸生存的時代有豐富的森林,不過由於氣候
變遷等影響,森林逐漸減少,草原則增加了。

這時,留在森林裡就演
化成具有柔軟身體及能
自由伸縮爪子的貓科。

一般認為,犬科捨棄柔軟身
體,變得可以跑長距離,前
往平原生活。

森林最棒!

已經看膩森林了。

就這樣

嗤———　嗤

27

鳥獸之爭──細齒獸的逆襲

在5900～5500萬年前，哺乳類只不過是一種的弱小動物而已！
是被陸地上強大的恐鳥類捕食也無力反抗的動物。

嗚哇！

但在這種陸生鳥類無法觸及的
「森林的樹上」，**哺乳類開始
「磨拳擦掌」蓄勢待發了。**

氣氣氣⋯⋯

你給我等著

其中，演化出具有「切肉刀」
般銳利牙齒的是細齒獸類。

這種牙齒稱為「裂肉齒」，對犬科
動物來說是最重要的牙齒。現在的
食肉目動物（狼或獅子等）全都有
這種牙齒。

以裂肉齒咬斷
大塊肉的狗。

啊嘎嘎嘎

**演化出銳利牙齒的細齒獸，變成
接二連三獵殺草食動物、幾近「無敵」的存在！**
對恐鳥類來說，細齒獸也應該不是容易
到手的獵物才對。

細齒獸無敵

細齒獸的
逆襲

可能也反過來襲擊
恐鳥類的蛋和雛鳥。

嗚哇！

清明節

細齒獸之墓

祖先⋯⋯

也消瀝太
遠了吧！

貓　狗　海獅　熊

直到5000萬年前，恐鳥類滅絕了！
鳥類支配陸地的時代也就此宣告結束，
存活下來的細齒獸則繼續演化成各式各樣的動物。
不只是犬科和貓科，就連海獅科和熊科等也是源自「食肉目」這個祖先。
對生活在現代地球上的生物來說，細齒獸的出現是最重要的分歧點。

分　　類：哺乳綱食肉目細齒獸科		全　　長：20～30 公分	
推測體重：不明		分布地域：歐洲、北美	
滅　　絕：約 4800 萬年前（古第三紀始新世初期）			
備　　註：又叫「小古貓」。大貓熊和海獺也算是細齒獸的子孫。			

超重量級鯊魚
巨齒鯊 <Carcharocles megalodon>

史上最巨大的鯊魚降臨遠古海洋中。

成為中新世到上新世**海中霸主的巨大鯊魚！**

種名 *megalodon* 是由希臘文中的大（megalo）和齒（odontos）組合而成。

牙齒的實際大小最大可達15公分。

牙齒周圍像牛排刀般呈鋸齒狀。

巨大的顎部共排列著58顆牙齒！

哈哩

氣氣氣

咬合力據說是霸王龍的3倍以上。

人類（1.7公尺）

巨齒鯊（17公尺）

鯨鯊（10公尺）

嗚哇！

食人鯊（4公尺）

Megalodon

真是混亂啊！

有一種在**泥盆紀和侏羅紀**很繁盛的**二枚貝也叫Megalodon。**

巨齒鯊的時代

巨齒鯊雖然是巨大鯊魚的代名詞，但其實並不清楚牠的正確大小。

由於發現的化石幾乎都是「牙齒」，很少有其他部位，所以整體的樣子仍舊不明。

只能將巨齒鯊牙齒化石跟現生的食人鯊牙齒做比較，來推測巨齒鯊的全長。

沒這麼大啦！

爪子

天狗

巨齒鯊的化石在世界各地都有發現。在日本的埼玉縣、群馬縣、茨城縣和宮城縣等地也有發掘。

在日本稱為「天狗之爪」，歐洲則稱為「舌形石」。

既然巨齒鯊是如此強大的海中之王，為什麼會滅絕了？

由於原本生活在溫暖海域的巨齒鯊，無法像食人鯊在寒冷的海洋活動，於是隨著愈來愈冷的氣候變動，便無法適應環境了。

等等唷～

溫暖的海洋

寒冷的海洋

此外，原本的獵物鬚鯨類也會逃到寒冷的海洋中，再加上虎鯨及食人鯊等強力競爭對手出現，可能也對牠們造成很大的打擊。

恐怖！無敵的巨大鯊魚

深夜秀

嗚哇！

感覺

以前真好……

多

氣氣氣

新世代

耶呼

比以巨大鯊魚為主角的電影還要早非常非常多，巨齒鯊就已是「遠古海洋」這個大螢幕的超級明星了。
只是這齣巨齒鯊電影……不，巨齒鯊的榮華沒能永遠的持續下去。

分　　類：軟骨魚綱鼠鯊目耳齒鯊科	全　　長：13～17公尺
推測體重：30公噸	分布地域：世界各地的海洋
滅　　絕：約260萬年前（新第三紀上新世）	
備　　註：日文名直譯為「古大白鯊」。	

最初的企鵝
曼納林威伊馬奴企鵝 <Waimanu manneringi>

前往大海的鳥兒們。

在白堊紀末期大滅絕的 400 萬年後，出現了「**最古老的企鵝**」。

發現於紐西蘭南島的古第三紀地層。

丫字型

完全符合

有嗎？

特徵是細長的頸子及喙部。

耶呀──

太勉強了

能摺疊的細長翅膀。

雖然不能在天空飛，但卻很擅長在水中游泳。

乍看之下跟企鵝不太像，不過企鵝的典型特徵都已經很明顯了。

復原圖

① 和現生的企鵝一樣，上腕骨扁平而寬，後腳跟的骨頭短而寬。

② 構成翅膀的骨頭很厚，整體骨頭密度比在空中飛的鳥要高（有利於水中深潛的特徵）。

企鵝的外形可以說**在遠古時就已經成形了！**

嗚哇！

不退！不屈！*

曼納林威伊馬奴企鵝！

＊仿自漫畫《北斗神拳》一角色的名言「不退！不屈！不悔！」。

古代企鵝大遊行！

一般認為企鵝是在恐龍還存活的時代誕生的。
當恐龍等捕食者滅絕，企鵝便在遠古時代就已存在的西蘭
大陸周邊海洋開始繁盛。

澳洲　西蘭大陸
好大！

5000萬年前，企鵝突然在南半球廣泛分布。
（由於演化出肱動脈網這種熱交換器，成為牠們
在水中維持體溫的重要關鍵）。
隨著擴散到各地，便出現各式各樣體型跟形
態的企鵝。

**曼納林威伊
馬奴企鵝**

伊卡企鵝
生存於 3600 萬年前，
赤道附近的秘魯。尖銳
的喙部是牠的特徵。

秘魯企鵝
生存於 4200
萬年前，地球史
上最炎熱時代的最
炎熱地區。喙部很長，
外形已有企鵝的樣子了。

凱伊魯庫企鵝
身高 130 公
分
生存於伊卡企
鵝時代的 1000
萬年後。具有
細長的翅膀和
健壯的腳。

厚企鵝
學名意為「粗壯的潛水
員」，生存於 4500 萬～
3700 萬年前，是史上最
大型的企鵝。

皇帝和厚
哪個比較
大？

這個嘛

皇帝企鵝

過去曾有過好幾
種比現生體型最
大的皇帝企鵝還
大的古代企鵝。

下次看到可愛的企鵝時，也想想
牠們漫長的演化歷程吧！

分　　類：鳥綱企鵝目		全　　長：65 ～ 75 公分	
推測體重：不明		分布地域：紐西蘭	
滅　　絕：約 6000 萬年前（古第三紀古新世）			
備　　註：一般認為牠們生活在淺海處。			

遠古的天空之王
阿根廷巨鷹

〈Argentavis magnificens〉

分類：鳥綱隼形目畸鳥科／全長：1.5 公尺

推測體重：70～80公斤／分布地域：南美（阿根廷）／滅絕：約600萬年前（新第三紀中新世）

雖然找到的化石很少，對牠的了解也不多，不過一般認為牠是像禿鷲和安地斯神鷲那樣的食腐動物。

從翅膀的一端到另一端的長度在 6.4 公尺左右，**最大為 7～8公尺。**

跟小學校園的窗戶差不多大

咻哇——

嗚哇！

世界最大的禿鷲是安地斯神鷲。

好厲害

70公斤的體重飛得起來嗎？
可能是利用上升氣流在空中滑翔的呢。

順帶一提，阿根廷巨鷹的學名是「阿根廷的鳥」的意思。

小知識

巨鷹風箏

咻喔喔喔喔喔

不能輸

以高處為目標喔！

鳥和翼龍差在哪？

全都不一樣。

恐龍

鳥

翼龍

翼龍在很早以前就從初期的爬蟲類分支出來了！
（和恐龍也不一樣）

甚至可說鳥和翼龍的共通點只有「會飛」而已。

嗨，朋友

你哪位？

和蝙蝠一樣是由皮膚延伸的翅膀。

真的？

打起精神來

具有兩支角的巨大戰車
重腳獸 〈Arsinoitherium〉

分類：哺乳綱重腳目重腳獸科／全長：4 公尺

推測體重：不明／分布地域：非洲／滅絕：約 2300 萬年前（古第三紀始新世後期）

「重腳目」是滅絕哺乳類的代表物種！

學名是「阿爾西諾伊之獸」的意思。

源自最初發現的化石場所，位在埃及托勒密王的王妃阿爾西諾伊的宮殿附近。

埃及

万介意你靠近我

我也是

最大特徵是從基部分成兩股的 V 形角。

耶！

像長頸鹿那樣，角被皮膚包覆的可能性很高。

這樣嗎？

Q&A

總之就是犀牛吧？

就跟你說不是了！

你是說角是毛的意思嗎？

万知道

自己去查書

	腳趾	角
重腳獸	5 根	骨質
犀牛類	3 根	角質（由毛聚集而成）

關於重腳獸等重腳目的祖先跟子孫也都還不清楚，
真是非常神祕的滅絕哺乳類啊！

大口大口咬
蒙古安氏獸 ⟨*Andrewsarchus mongoliensis*⟩

分類：哺乳綱中爪獸目中爪獸科／全長：4～6 公尺

推測體重：450 公斤／分布地域：中亞（蒙古）／滅絕：約 3600 萬年前（古第三紀始新世後期）

生存於 4500～3600 萬年前，蒙古附近的
最大的陸生肉食動物！

可以吃嗎？

咕嚕嚕嚕

咕嚕嚕

嚴正喝止

不行

老大哥～～哇～

逃跑囉

可愛的小傢伙

體長可達 4～6 公尺！

根據復原圖的狀況，鬃毛會有時有，有時沒有。

有強壯的上下顎及大型牙齒，連骨頭和貝類都可以咬碎！

上顎

頭蓋骨長達 84 公分。

安氏獸用牠們
大嘴吃什麼東西呢？

以前認為牠們是凶殘的肉食動物，但是
最新的學說中，最有說服力的是以下三種：

跟印象中有點不同

嗯

嗯嗯～

（1）以貝類或動作慢的
　　硬殼動物為食。

嘎嘰嘎嘰

嗚哇！

貝類

（2）總之是什麼都吃的
　　雜食性。

均衡的飲食生活！

（3）以動物屍體為食的
　　食腐動物。

好吃好吃

嗚哇！

史上最大肉食動物的食性，
至今仍是一個謎！

有虎牙的鯨魚？
秘魯海象鯨 〈Odobenocetops peruvianus〉

分類：哺乳綱鯨偶蹄目海象鯨科／全長：2～3 公尺

推測體重：150～650 公斤／分布地域：秘魯的海洋／滅絕：約 258 萬年前（新第三紀上新世）

存活於 500 萬年前的海洋哺乳類（和鯨魚、海豚是同類）。
最大的特徵是超過 1 公尺的雄偉長牙！

二刀流

只有一側的牙非常長，
外觀極為獨特。

長長的牙是雄性
才有的特徵。

一般認為那不是
武器，而是對雌
性的性展示。

這種牙稱為切齒，
相當於人類的門齒。

另一側的
切齒非常
小。

臉長得和
海象及儒
艮很像。

小心一點

哇喔

嘶嗖嗖嗖嗖嗖嗖

好吃！

使用柔軟的上唇
翻動海底的泥沙
尋找貝類吃。

不覺得不
平衡嗎？

由頭蓋骨的形狀推測牠們的頭部應
該有鯨蠟，以及跟現生的齒鯨類一
樣，具有利用回聲定位（利用超
音波反射來測知某物體的距離
與方向）的能力。

這個是
牙齒。

木醣醇
口香糖

在現生的物種中，一角鯨
跟秘魯海象鯨一樣有很長
的切齒。

行走的猛男
爪獸 <Chalicotherium>

分類：哺乳綱奇蹄目爪獸科／全長：2 公尺

推測體重：不明／分布地域：歐洲、亞洲、非洲／滅絕：約 500 萬年前（新第三紀上新世）

奇蹄類如其名，具有「**奇數的蹄**（或指、趾）」。
史上最大的哺乳類巨犀也是奇蹄類動物之一。

哦？

爪獸雖然是奇蹄類，但卻不具有蹄，而是大型的「鉤爪」。

肩高 1.8公尺。

由於前肢比後肢長很多，所以背部是傾斜的。

嗯—哦……

不可以駝背！

你有資格說？

以鉤爪把樹枝拉過來吃柔軟的樹葉等。

咚咚 咚咚

像黑猩猩或大猩猩那樣手背接觸地面，以「指關節行走」的方式在森林中移動。

像馬和大猩猩的雜交種！

……學者們好像也感到興奮呢！

大猩猩馬

不是這樣啦！

隨著**森林的減少**，
爪獸的身影也消失無蹤了。

37

昨日不再重現
西方擬駝

⟨Camelops hesternus⟩

分類：哺乳綱偶蹄目駱駝科／全長：肩高 2.1 公尺、體長 3 公尺

推測體重：不明／分布地域：北美至墨西哥／滅絕：約 1 萬年前（第四紀更新世／生存是新第三紀上新世～）

在遠古北美闊步的昔日巨大駱駝。

學名是「昔日駱駝」的意思。

英文為「Yesterday's Camel」（昨日的駱駝）。

包含長長的脖子，高度可達 2.4 公尺。

昨日～♪

駱駝・麥卡尼*

雖然跟現生的駱駝長得很像，但其實是羊駝和駱馬的近緣種。

給我零用錢～

叔叔～

誰是你叔叔！

在西方擬駝的頭蓋骨、牙齒和骨頭，可看到和駱馬等同樣的特徵。

出乎意料的，**駱駝的發源地是北美！**
從北美移動到歐亞大陸的族群適應了沙漠生活；
移動到南美的族群則在高山或草原生活；
而留在北美的西方擬駝則生活於

冰河時期的草原上。

由於遭到人類的獵捕，西方擬駝大約在
1 萬 1400 年前就滅絕了！
駱駝從此在發源地的北美完全消失無蹤。
現代人能做的，只有想像「昔日的駱駝」的姿態而已。

西方擬駝

駱馬

救命

駱駝

昨日～

你需要的只有駱駝。

＊仿披頭四的保羅・麥卡尼。

喜歡吃肉的原始大貓熊
始貓熊 ⟨*Ailurarctos lufengensis*⟩

分類：哺乳綱食肉目熊科／全長：1 公尺

推測體重：不明／分布地域：中國／滅絕：約 800 萬年前（新第三紀中新世）

生存於 800 萬年前的熊科動物，被視為貓熊的祖先。
並不是吃竹子的草食動物，
而是肉食動物。

中文稱為 **始貓熊**
（初始的貓熊）。

還不是吃竹子
的時候。

現在才正要開始……

嘎噗噗

鳴哇！

貓熊的消化器官
演化成適應草食的生
活……話雖如此，
**卻仍跟肉食時
一樣！**

腸子長度

貓熊

老虎

牛

真長

貓熊的腸子長度跟老虎等肉食動物比較
接近，跟牛等具有很長腸子的草食動物
相較之下，並不擅長消化植物。

比起冒著在冬天找不到獵物的風險，
牠們選擇的生存方式是大量的吃在雪
中也不會枯萎的竹子。

這些貓熊的祖先始貓熊靠吃竹子
撐過嚴酷的冰河時期後，開始低
調的在深山裡生活。

嗯嗯

真是好命
的傢伙

嘎嘎

嗯嗯

夢幻與消失的失落環節！？
麥塞爾達爾文猴
⟨Darwinius masillae⟩

分類：哺乳綱靈長目兔猴科

全長：58 公分／推測體重：不明／分布地域：現今的德國／滅絕：約 4700 萬年前（古第三紀始新世）

標本暱稱為「Ida」（艾達）。

在演化史中的空白部分被稱為「失落的環節」（missing link），由於麥塞爾達爾文猴可能是**填補靈長類失落環節**的動物……於是成為話題！

這是因為發現了保存狀態非常完整的標本，並發表為簡鼻猿類（包含人類）的可能性很高。

麥塞爾達爾文猴來了！*

万能來嗎？

全長約 58 公分（尾巴 34 公分）。

能靈巧抓握物品的手。

緊握

一般認為牠們吃水果或葉子，也會捕捉昆蟲。

嗶嗶　嗶嗶

嗚哇！

華麗登場的麥塞爾達爾文猴……
卻早就被否定了「人類祖先」的位置！

這是由於麥塞爾達爾文猴等兔猴科經過鑑定後，並不是人類祖先的簡鼻猿類，而是與狐猴近緣的**原猴類**。

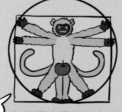

假如麥塞爾達爾文猴是原猴類的話，就跟人類沒有親緣關係了。

這是怎麼回事？

麥塞爾達爾文猴密碼

不過也有人主張麥塞爾達爾文猴具有原猴類沒有的特徵，因此艾達是我們祖先的**可能性並沒有完全消失。**

＊仿日本 NHK 的動物紀錄片節目「達爾文來了」。

遠古的纏繞
塞雷洪泰坦巨蟒

⟨*Titanoboa cerrejonensis*⟩

分類：蟲綱有鱗目蚺科

全長：13公尺／推測體重：1.1公噸／分布地域：哥倫比亞／滅絕：約5800萬年前（古第三世紀古新世）

生存於6000萬年前哥倫比亞的史上最大蛇類！

塞雷洪泰坦巨蟒的脊椎尺寸是現生蚺蛇脊椎的好幾倍大。

12公分

可怕

從蚺蛇的全長約為3.4公尺，推測塞雷洪泰坦巨蟒的全長約有**13公尺**！

真是令人敬畏的巨大身體啊！

據說牠們會在水中游泳，有時還會攻擊鱷魚。

用全身的肌肉勒死獵物。

推測體重為1公噸以上！

上下顎能張至約180度，應該可以將腳踏車般的大小整個吞下去！

唉？

唉？

怎麼回事？

唉呀一

吞吞

唉？

一般認為，由於牠的身體太過巨大，很難調節體溫，於是就滅絕了。

惡魔的螺旋！？
古河狸
〈Palaeocastor fossor〉

分類：哺乳綱囓齒目河狸科／全長：25 ～ 30 公分

推測體重：不明／分布地域：北美／滅絕：約 1600 萬年前（新第三紀中新世前期）

生存於美國落磯山附近的乾燥大草原中，成群生活的河狸近緣種。

在荒野挖洞的古代河狸！

銳利的牙齒！

惡魔開瓶器

叮叮叮

好吃！

螺旋馬鈴薯

發現像畫的這個螺旋般的扭轉形化石時，完全不知道它的真面目會是什麼。

由於形狀和開瓶器很相似，所以那塊化石被稱為「**惡魔的軟木塞開瓶器**」。

直到在「開瓶器」的前端發現了骨頭化石後，才確認「開瓶器」是古河狸的巢穴！

死在自己的床上是最好的。

並不輕鬆

嘎哩嘎哩

就住這

會有什麼？

據說巢穴不是用爪子，而是用牙齒挖掘。

現在已經知道古河狸會先挖一個具有水平延伸房間的巨大巢穴，再挖掘深度可達 2.5 公尺的螺旋狀洞穴。

就像「惡魔的開瓶器」般，今後也許會有更多神祕的化石，將陸續揭開牠們的真面目。

南美大陸的巨大鳥類
長腿恐鶴
⟨Phorusrhacos longissimus⟩

分類：鳥綱叫鶴目恐鶴科／全長：1.6～3公尺

推測體重：不明／分布地域：南美／滅絕：約500萬年前（新第三紀上新世）

有一說，恐鶴和冠恐鳥等北半球的恐鳥類不同，而是生存於40萬年前。

耶呀！

強力的嘴喙能將獵物的骨頭都咬碎。

喂！

快下來

嗚哇！

咕嗞

雖然翅膀很小，但是有適合跑步的強壯雙腳。

很強壯喔！

鴕鳥

和冠恐鳥相比，牠們的速度快到能追上動作迅速的哺乳類。

嗚哇！

嗞嗞嗞嗞

腳趾上的大爪也是強大的武器！

最相近的現生鳥類是叫鶴。

嗞嗚

扭扭吞蛇

很清爽順口！

長腿恐鶴雖然是「可怕的」肉食性鳥類，但卻在和北美移入的肉食動物的勢力競爭中敗退而滅絕。

43

鏟子般的巨象
葛氏鏟齒象

Platybelodon grangeri

分類：哺乳綱長鼻目嵌齒象科／全長：約 3 公尺

推測體重：不明／分布地域：北美、歐洲各地／滅絕：約 400 萬年前（新第三紀上新世）

下顎前端簡直就像鏟子般
又長又發達！

用下顎把地面的草或水草鏟起來，像用畚箕和掃把般將食物送進嘴裡。

鏟齒鏟

嘩啦～

牠們似乎是用長牙在樹幹上磨蹭，或切斷樹枝、吃樹葉。

嘎哩

下一個換我。

不是「磨爪子」而是「磨牙」的習性。

雖然身高為 2.6 ～ 3 公尺，以象來說算是小型，不過光頭蓋骨就有 1.8 公尺。

真大

頭好大

非洲象身高為 4 ～ 5 公尺

葛氏鏟齒象

PART 2

新生代第四紀①
更新世

約 258 萬年前 ～ 1 萬年前

新生代第四紀更新世

期間	約258萬年前～1萬年前
氣候	冰期（寒冷、冰河發達的時期）與間冰期（冰期與冰期間的溫暖時期）反覆交錯。
主要動物	・人屬不斷演化，現生的人類也出現了。 ・由於地球各地都有發達的冰河使陸地相連，生物和人類開始往各地區移動。 ・雖然長毛猛獁象等大型哺乳類很繁盛，但是在後期時大量滅絕。原因包括人類的狩獵，並已出現被人類逼至滅絕的動物。
主要植物	在冰河時期可見由殼斗科植物形成的森林，以及禾本科植物等草本類。

滅絕新聞

活化石

　　從遠古時代就沒有改變外觀而存活至今的生物稱為活化石。這些生物從很久很久以前，撐過嚴酷的寒冷冰期，並存活到現在。

・**水杉**：雖然曾經被認為在更新世就滅絕了，但1945年在中國發現了存活的個體。

・**銀杏**：在2億7000萬年前（二疊紀）時出現的植物。

・**美洲大鯢**：棲息於美國，被認為從1億6100萬年前（侏羅紀中期）就存在的兩生類。

・**腔棘魚**：屬於腔棘魚目，被認為在6500萬年前就應該滅絕的魚。壽命可達100年以上，即使活很久也幾乎不會老化，又稱為不老之魚。

・**歐氏尖吻鯊**：從1億2500萬年（白堊紀）前就存活至今的深海鯊魚。

真實的金剛
巨猿
<Gigantopithecus>

在叢林徘徊的超巨大滅絕靈長類！

被認為是史上最大靈長類的巨大類人猿！

在現今中國南部的熱帶雨林中生活了 600 萬～900 萬年。

牠們被認為是像大猩猩般以指關節步行。

咔高高咔高高

吵死了

耶呼

雖然只有找到散落的牙齒跟幾個下顎的化石，不過從牙齒及顎部的大小推測，巨猿應該有 3 公尺高。

嘎啊！

咔高高

……但也有人認為牠們只有牙齒跟顎部大而已，實際身高只有 1.8 公尺，跟大猩猩差不多。

喀哩喀哩的好吃！

喀哩喀哩君 藍香蕉口味

大猩猩錯了嗎？

成也巨大，敗也巨大

巨大的類人猿巨猿已滅絕了⋯⋯
巨大的身體對動物來說應該很有利才對，
為什麼會滅絕了呢？

最大的問題其實就是在於「太巨大」。
在更新世期間，森林轉變成莽原，對於要維持
巨大身體的巨猿來說，食物就變得不足了。

咕～嚕咕嚕⋯⋯

真辛苦

另一方面，也有像紅毛
猩猩那樣適應環境而
存活下來的靈長類。

也有人從巨猿**巨大且平坦的臼
齒推測，牠們應該跟大貓熊一
樣以竹子為主食！**
從化石的產地判斷，牠們也有
可能是在跟大貓熊的競爭中敗
退下來了。

WIN
NER!

呼～

巨猿　　VS　　大貓熊

對名字中有「巨、大」字眼的動物
來說，可能彼此就不相容吧！

分　　類：哺乳綱靈長目人科	全　　長：2～3公尺
推測體重：300～500公斤	分布地域：中亞、中國西南部
滅　　絕：30萬年前？	
備　　註：雖然有一段時期被認為是人類的祖先，但是現在已經知道牠們是屬於和人類的演化不同系統的類人猿。	

毛茸茸的巨獸
長毛猛獁象
<Mammuthus primigenius>

「已滅絕巨大動物」的王道中之王道！

在第四紀更新世的寒冷冰河時代登場！

也曾棲息在日本的北海道。

高高隆起的額頭。

出乎意料的小耳朵。

厚厚的脂肪。

覆蓋全身的體毛。

可開閉的肛門。

全身都能防寒的「耐寒裝備」！

大弧度的彎牙。

光一根長牙就曾價值500萬日幣！

用像手套般寬的鼻尖把草拔起來吃。

滅絕的原因

至今仍在激烈爭論中。由於**氣候變溫暖了**，長毛猛獁象喜歡的寒冷草原地區急速消失……

長成森林

嗥～

草原變成森林了……

也有人認為，人類的「**裁縫技術**」是長毛猛獁象滅絕的原因。

那什麼毛啊？

在人類會縫製防寒衣物後，獵人就能抵達長毛猛獁象棲息的極寒之地。

復甦吧！沉睡的長毛猛瑪象

在西伯利亞的永凍土中發現長毛猛瑪象的「冰凍遺骸」！

全長約
3公尺。

柳芭（LYUBA）

2007年在俄羅斯北極圈發現的長毛猛瑪象寶寶。

尤卡（YUKA）

在2010年，從更新世後期（3萬9000年前）的永凍土中挖掘出來。

全長
1公尺多。

從牠的口部、食道、氣管都塞滿了泥來看，牠應該是沉進泥坑裡了，所以遺骸保存得很「完整」！

咕嘟
咕嘟
???

以發現地「尤卡基爾（Yukagir）」命名。

四肢和鼻子都沒有缺損，頭蓋骨中也還留著大腦。

託冰凍遺骸的福，才能進行DNA分析，「長毛猛瑪象復活」不再是夢！

從冰凍長毛猛瑪象取出細胞，把細胞核分離出來。

去除大象的卵核，置入長毛猛瑪象的核。

刺激細胞分裂。

將卵置入大象的子宮內著床。

咬呀

由大象生出長毛猛瑪象的寶寶。

冰凍長毛猛瑪象用微波爐

15分鐘嗎？

嗯～

停下來

雖然「復活」能否順利進行還是未知數，不過**冰凍長毛猛瑪象教我們的事真是多到數不清啊！**

哇哇

長毛猛瑪象寶寶

分　　類：哺乳綱長鼻目象科	全　　長：5.4 公尺
推測體重：不明	分布地域：西伯利亞、北美大陸
滅　　絕：約 1 萬 4000 年～ 1 萬年前	
備　　註：又叫「毛猛獁」。據說有部分族群一直到 　　　　公元前 2000 年左右都還存活著。	

巨大的殺手貓
致命劍齒虎 <Smilodon fatalis>

以必殺的牙齒及鋼鐵般的肌肉捕捉巨獸的大貓。

更新世南北美洲強力大型肉食動物的代表！

跟現存的獅子同樣尺寸或更大，具特化成適合格鬥的身體！

磨得光亮銳利、像刀般的長牙！

20公分以上！

顎部最大可張開至120度。

雖然也找到折斷的犬齒化石，但似乎這樣仍能存活下來。

欸～

可能是群體生活？

短短的尾巴。

肌肉發達的身體！

據說體重為現存獅子的2倍以上。

嗚哇！

嘎嚕嚕嚕嚕

咚嘶

似乎是用長長的犬齒刺進長毛猛獁象等大型哺乳類厚厚的皮膚，來切斷血管讓牠們失血死亡！

可能也會跟恐狼爭奪獵物？

你是怎樣啦！

就叫你給我！

新生代第四紀①更新世

51

在世界的角落虎喚

在加州洛杉磯拉布瑞亞瀝青坑（La Brea Tar Pits）的「柏油坑」中找到各種各樣的動物化石！

一旦陷進去就無法掙脫的柏油坑中，好像也有很多象等大型哺乳類！

聽到象叫聲的致命劍齒虎等肉食動物就會成群聚集過去。

但在柏油坑裡發現的化石中，有30%是致命劍齒虎！
撲向掙扎中的獵物時，自己也不小心沉進去淹死的可能性好像也很高！

此外，柏油坑裡的化石有50%是致命劍齒虎的競爭對手恐狼！

不論是哪種肉食動物，牠們的**注意力似乎都沒有很好**呢……

不過正由於牠們的不注意和不幸，才能在柏油中留下品質優良的化石，將牠們的姿態生動的保存到現今……真的是諷刺啊！

美洲獅的化石只占 2.6%。

分　類：哺乳綱食肉目貓科		全　長：2公尺	
推測體重：220～360 公斤		分布地域：南北美洲	
滅　絕：約 1 萬年前			
備　註：致命劍齒虎顎部的張開幅度是現生獅子的 2 倍大（獅子是 60 度）， 　　　　不過一般認為牠們的咬合力則只有獅子的 1/3 而已。			

恐怖的古代狼？
恐狼 <Canis dirus>

喪失地位的狼王。

如名字一般，位居生態系頂端的「恐怖」之狼！

史上最重量級的犬科動物！
真的不愧被稱之為「狼中之王」。

狼王羅伯
啊——嗚

万是機器人。

咕嚕嚕嚕

嗚哇！

好乖

在影集《冰與火之歌》
中也有登場

哼

怎麼變圖了？

這個像伙沒有出場

體型比現生的狼
還要結實。

像鬣狗一樣群體活動，連重達600
公斤的野牛也能成功追捕。

在拉布瑞亞瀝青坑的
博物館中，展示著沉
入柏油的大量恐狼頭
蓋骨。

博物館陳列
400件以上！

哎呀。

奔跑吧！恐狼

強大的恐狼為什麼滅絕了呢？

最先想到的最大因素，是當時存在於北美的美洲獅、致命劍齒虎，以及人類等強勁的競爭對手。

不知道是不是爭奪獵物太過激烈，或常啃咬堅硬的骨頭，因此找到不少折斷的牙齒化石。

就像這樣物種間（包含人類）的激烈競爭，應該就是恐狼敗退的原因吧！

但是，為什麼身體比恐狼還要小，又比較弱的灰狼會存活下來呢？

命運的分水嶺似乎在於持久力及腳的構造。

出身於北方的灰狼習慣長距離追捕麋鹿。

短跑的恐狼不論在體力或腳的構造上，可能都不適合長距離狩獵。

雖然恐狼滅絕的原因仍充滿謎團，但從滅絕動物的歷史可證明，具有強大肉體的動物並不一定就能在生存競爭中獲勝。

分　　類：哺乳綱食肉目犬科	全　　長：1.5～2公尺
推測體重：90公斤	分布地域：北美、南美北部
滅　　絕：約1萬年前	
備　　註：據推測，牠們的咬合力應該比現生的灰狼要強3成左右。	

來自海底的問候
諾氏古菱齒象 <Palaeoloxodon naumanni>

在日本各地都有發現，是日本最具代表性的化石象！

在日本發現的大象化石中，占了壓倒性的數量。

從北海道至九州，有多達100多個化石產地。

在**日本橋**的地下鐵車站工程中
也發現了三具化石！

最大特徵是像貝雷帽
般隆起的頭部。

長達
2.5公尺
的牙。

最初的
化石是在明
治初期橫須
賀發現。

由「外聘的外國教師」
瑙曼研究命名。

日本

日本最古老的化石
是35萬年前的。

新生代第四紀①更新世

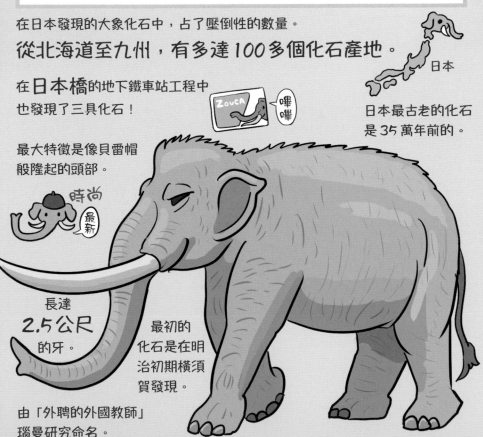

瀨戶內海的海底地層埋著諾氏古菱齒象化石，在被海水水流削掘後，
讓許多化石在海底現身。將這些都打撈上來後，
日本的諾氏古菱齒象研究就有了大幅的進展！

撈到了！

有時漁網也會
撈到化石。

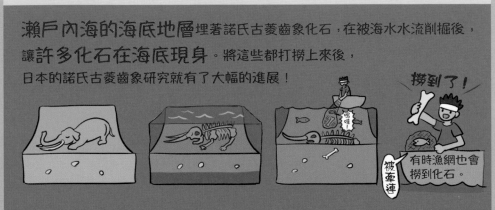

55

進擊的巨象：諾氏古菱齒象 vs 長毛猛獁象

喜歡溫暖森林的諾氏古菱齒象和喜歡草原、可以忍受寒冷氣候的長毛猛獁象，雖然都是更新世的巨象，兩者的習性卻相反。

這兩種象進行攻防的「戰場」居然是（現今的）北海道！

4 萬 8000 年前	3 萬 5000 年前	2 萬年前

由於海水的水面降低，北海道和西伯利亞變成相連的陸地，長毛猛獁象往下「進攻」！

更新世的氣候變溫暖，長毛猛獁象暫時往北方「撤退」，接著諾氏古菱齒象從本州北上！

氣候再度變冷，長毛猛獁象喜歡的草原增加，於是長毛猛獁象「再進攻」，諾氏古菱齒象往本州「撤退」。

據說兩種象都能在喜歡吃的植物不多的情況下生活，所以完全相反的兩種巨象「共同生活」也是有可能的。北海道成為日本大象的熱點！

分　　　類：哺乳綱長鼻目象科	全　　　長：5 公尺
推測體重：4～5 公噸	分布地域：亞洲（日本、中國）
滅　　　絕：1 萬 5000 年前	
備　　　註：學名是槙木山次郎為了紀念最早在日本研究大象化石的德國地質學家瑙曼（Heinrich Edmund Naumann）博士而命名，因此日文名稱為「瑙曼象」。	

　＊ 仿北海道大學的克拉克博士雕像「青年啊，要胸懷大志」。

有骨氣的熊
洞熊 〈*Ursus spelaeus*〉

人稱更新世最可怕的動物！？

約在 30 萬年前登場的古代熊！體型與棕熊並駕齊驅。

洞熊是棕熊的近緣種。

棕熊 H G M

和棕熊差在額頭隆起，鼻面跟額頭間有高低差。

洞熊 H G M

簡稱改一下

巨大的手！

能蓋手印給我嗎？

洞窟壁畫中有洞熊的畫。

壽命約 20 年。（棕熊約為 25 年）

體長約 2.5 公尺。

洞熊的臼齒磨耗得比棕熊要兇，可能是大量攝食富含纖維的植物和根所致。

很有嚼勁

啪哩 啪哩

洞熊大約是在 2 萬 8000 年前滅亡。
一般認為他們可能是由於冰河期結束時氣候改變、森林擴展，再加上和同為雜食性動物的棕熊競爭失敗而導致滅絕。
人類狩獵的影響應該也不小才對。

熊元素：骨頭

洞熊的化石在歐亞大陸北部的洞窟很容易發現。
在羅馬尼亞的「熊穴」（Bear Cave）中，發現了140個以上的化石。此外，在德國的洞窟發現人類獵捕冬眠洞熊的證據，以及使用洞熊骨頭製作工具或當燃料的痕跡。

溫度保持在攝氏12～15度，並能防止紫外線的洞窟對化石來說非常理想。

冰河時期沒有可供燃燒的柴火，所以骨頭是重要的燃料。

百合熊營火　熊熊　燃燒

安眠

好大的熊獸

MY BIG
BEAR

在中世紀的中歐似乎把洞熊的化石當成龍或獨角獸的骨頭，據說化石因此被磨成粉，當成藥物販賣。

洞熊　棕熊　北極熊

？　呵呵

在對法國南部肖維岩洞（Chauvet Cave）發現3萬2000年前的洞熊骨頭進行DNA分析後，確定棕熊、北極熊及洞熊的共同祖先存在於160萬年前。

「最可怕的猛獸」洞熊的骨頭成為人類的糧食、賜予人們浪漫，並且成為述說熊類起源的珍貴遺產。

分　　類	哺乳綱食肉目熊科	全　　長	3公尺左右
推測體重	雄性約450公斤、雌性約230公斤	分布地域	西歐～高加索地區
滅　　絕	約2萬8000年前		
備　　註	由於化石的產量很多，因此在第一次世界大戰時被當成磷酸鹽的原料而大量消耗。		

暗夜的獅子
洞獅 <Panthera spelaea>

在洞窟生活，被描繪在洞窟中，也死在洞窟的古代獅子。

在大約 1900 萬年前和非洲獅的祖先分支的原始獅子！

生存於 260～1 萬年前的更新世。

化石大多在洞窟中發現，也是洞獅名字的由來。應該是因為洞窟是個很好的棲身之處吧！

洞窟與雪獅 *

來堆雪人啦～

万要比較好

從各方面來說。

洞獅好像沒有現生獅子那樣的鬃毛。

你不冷嗎？

一點也不冷

有一點點冷

3公尺以上的巨大體型

喜歡乾燥的寒冷草原，並以馬和鹿為食。

衝啊！

嗚喔喔喔

在法國的拉斯科洞窟中，
　2 萬年前的壁畫上就畫著洞獅。

＊ 仿電影《冰雪奇緣》的日文片名。

凍結吧！洞獅

2015年，從俄羅斯東部的永凍土中，發現被凍在冰中的洞獅幼體，其中一隻連毛皮都完整的保存下來了！

現在是哪一年？

令和？

不確定

冰凍遺骸的尺寸約30公分，跟家貓差不多大。

至少保持這個狀態已經1萬年以上了。

FROZEN

這是首次發現史前時代的完整貓科動物（在這之前，洞獅的化石只有骨頭和腳印而已）。

2017年也在西伯利亞東部的河畔發現幼體洞獅的遺骸。四肢完整無缺，皮膚也沒有任何的傷口。

轟隆 轟隆

一般認為應該是在剛出生時，棲身的洞穴就崩壞所致。

嗚哇！

由於保存狀態極為完美，要是能夠復原DNA的話，將來使用複製技術來讓洞獅復活的可能性就很高。
也許有一天，我們能夠親眼看到洞獅以1萬年前的姿態活動呢！

讓它走～

就叫你別唱了

誰走？

螞蟻

分　類：哺乳綱食肉目貓科		全　長：3.2～3.5公尺	
推測體重：300公斤以上		分布地域：歐洲、亞洲	
滅　絕：約1萬年前（亦或5500年前）			
備　註：又稱「穴獅」、「歐洲洞獅」。			
是史上最大的貓科動物。			

超重量級慢
美洲大地懶 <Megatherium americanum>

大象般大的 XXL 尺寸樹懶！

生存於南美大陸，是史上最大的
陸生型樹懶類。

能站立並像長頸
鹿般伸出長舌頭
吃樹葉。

沒辦法
爬樹。

哎呀呀～

全長可達 5～6 公尺的
巨大動物！

體重約
3 公噸！

載我啊～

嗚哇！

比卡車還
要大！

每隻腳上都長著
巨大的鉤爪。

哦

嘿嘿嘿嘿嘿

平時以有著又粗又長
鉤爪的手背或腳背接
觸地面行走。
能以強壯的尾巴及結
實的後腳站立。

當孩子還小時，會像
大食蟻獸那樣把牠們
放在背上揹著走。

呀呀～

?

咚咚

咚咚

誰殺了鋼鐵巨人？

大地懶全長6公尺，體重3～6公噸，具有又大又結實的顎部及粗大的鉤爪，據說皮膚下還有發達的裝甲……
不愧是學名（*Megatherium*）有「巨獸」之意的大地懶，具破壞力及鋼鐵般的身體，理論上應該幾乎是「無敵」的動物才對。

但是讓牠們滅亡的契機，大約可回溯至1萬3000年前。
當極寒的冰河期結束、厚厚的冰層溶解，洛磯山脈的東側河川沿岸出現了大平原。
抵達那裡的「獵人」……就是人類！

不明的巨大樹懶

晴空塔

這只是示意圖。

歐啦啊啊啊啊

咕哇！

身體巨大但動作緩慢的動物，成為人類的絕佳獵物。
人類也曾在草原上放火，用火攻把牠們逼至懸崖或沼澤。

喔喔喔喔喔

來驅逐你們

哇呀！

最後，由於「人類」威猛的攻勢，也就成為動物最害怕的「獵人」。

分　　類：哺乳綱披毛目大地懶科	全　　長：5～6公尺
推測體重：3公噸	分布地域：南北美
滅　　絕：約1萬年前	
備　　註：日文名為「大地懶」。	

長腿熊熊
南美細齒巨熊 <Arctotherium angustidens>

分類：哺乳綱食肉目熊科

全長：3.5 公尺／推測體重：1.6 公噸／分布地域：南美（阿根廷）／滅絕：約 50 萬年前

別名：巨型短面熊

站起來的高度可達
3.5公尺。

要玩相撲嗎？

金太郎

我放棄

鼻面很短，與其說是熊，反而跟獅子等貓科動物比較像。

耶！

雖然身體巨大，四肢卻很長，屬纖瘦體型。

帕丁短面熊*

禮儀決定熊格

纖瘦

重量級的體重讓會攻擊大型動物的劍齒虎也對牠敬而遠之。

咦？

在現生的熊類中，和眼鏡熊的親緣最近。

據說是以長長的四肢
敏捷的跑步。

不是那樣跑

絕對不是

嗤 嗤

* 仿帕丁頓熊。

巨大（獨）角獸！？
西伯利亞板齒犀 <Elasmotherium sibiricum>

分類：哺乳綱奇蹄目犀牛科

全長：4.5 公尺／推測體重：不明／分布地域：歐洲、亞洲／滅絕：約 2 萬 9000 年前

具有長達 2 公尺巨大角的大型犀牛類。

角並沒有以化石的形式
保留下來，因為犀牛的
角和鹿的「角」材質是
不一樣的。

哦～

鹿

體長 4.5 公尺，
肩高可達 2 公尺！

面

為什麼會
知道牠們具有
如此巨大的角呢？

那是由於西伯利亞板
齒犀的頭蓋骨上有瘤
狀痕跡，被認為應該
擁有巨大的角。

白犀牛

西伯利亞
板齒犀

差不多
這麼大
吧？

雖然原本認為牠們應該在 35 萬年前就滅絕了，
不過在西伯利亞發現了 2 萬 9000 年前的化石，
推測牠們可能生存到那個時代為止。

也被認為可能是**獨角獸
傳說的起源**，是種很
神祕的犀牛。

話說

哦～

不會太巨
大嗎？

我才是原
型吧？

一角鯨

由於瘤狀部分最大**可達 40 公分**，
現生白犀牛的瘤狀部分約 25 公分，
於是依比例可推算出西伯利亞板齒
犀的角約為 2 公尺。

古巴巨鴞

⟨Ornimegalonyx oteroi⟩

分類：鳥綱鴞形目鴟鴞科／全長：1公尺

推測體重：不明／分布地域：北美（古巴）／滅絕：約4400萬年前（生存於更新世～）

棲息在加勒比海古巴島上的大型貓頭鷹。

體長可達1公尺左右。

猛禽明星照

♥ 248個讚
owlmen 好性感！

最大特徵是長長的腳。

頭蓋骨的寬度是現生最大的貓頭鷹鵰鴞的 **2倍**。

咚！

真可怕。

雖然沒辦法在天空飛，卻能以長腳**在地上跑步！**

嗚哇！

嘻嘻嘻嘻

有著奇妙長腳的貓頭鷹。

在洞窟發現骨頭的碎片。

一般認為牠們以地棲性樹懶的寶寶為獵物。

很可能是人類的出現，導致牠們的獵物地棲性樹懶滅絕，讓古巴巨鴞也跟著滅絕了。

在現生種中比較像穴鴞。

穴鴞棲息在南北美洲的沙漠或草原，是少見的日行性貓頭鷹。

哦？

瘋帽匠

65

巨恐象

⟨Deinotherium giganteum⟩

分類：哺乳綱長鼻目恐象科／全長：約 5.5～7 公尺

推測體重：10 公噸／分布地域：歐洲、亞洲、非洲／滅絕：約 100 萬年前

在中新世前期出現於歐洲和非洲，不久之後抵達亞洲。

從大象的祖先分支出來，**和其他大象類的演化分支完全不同。**

万是大象

肩高 4 公尺。

上顎無牙。

往下彎的下顎牙**極為特殊。**

用這種特殊的牙能做哪些事情，有各種不同的說法。

挖啊

挖啊

把植物的根從地底挖出來。

把樹木的皮剝下來。

撕啊

撕啊

咚

咚

挖岩鹽來吃。

夜間在水裡睡覺的時候，用來把身體固定在岸邊。

呼～呼～

有這種事？

巨獸巨恐象有著充滿謎團的牙，讓人非常期待今後的研究進展。

超級袋熊
雙門齒獸 ⟨Diprotodon⟩

分類：哺乳綱雙門齒目雙門齒獸科

全長：3～3.5 公尺／推測體重：2～2.5 公噸／分布地域：澳洲全區／滅絕：約 4 萬 7000 年前

生存於上新世～更新世的澳洲，跟野牛差不多大的巨大有袋類！

和現今的袋熊是相近的同類。

抓抓 抓抓

是嗎？

哞哞 哞哞哞 哞 哞

走吧

喔嗚

哞？

具有體長 3 公尺、肩高 1.5 公尺的巨大身體。

體重約 2 公噸，可與白犀牛匹敵。

扁平延伸的門齒。

頭蓋骨約 70 公分。

具開口朝後、大到能裝進一個成年人的育兒袋。

好暖和喔～

出去

嗚哇！

嘎嚕嚕嚕嚕

一般認為牠們很快就被 6 萬年前移居至此的人類，及人類帶去的澳洲野犬驅逐了。

最強的犰狳
星尾獸 〈Doedicurus clavicaudatus〉

分類：哺乳類貧齒目雕齒獸科／全長：最大 4 公尺

推測體重：1.5 公噸／分布地域：南北美／滅絕：約 1 萬年前

可說是生物史上最強裝甲的哺乳類也不為過！

星尾獸的意思是「像研杵般的尾巴」。

滑溜溜

全長可達 4 公尺。

加拉巴哥象龜

在被敵人攻擊時會把四肢縮起來，藏到殼下面。

像棍棒般長達 1 公尺的尾巴。

星尾研杵

很難用耶！

磨磨

磨磨

牙齒會永遠不停的生長。

末端有刺。

由於後腳比前腳強壯許多，所以也有學者認為牠們可能是以兩腳站立步行。

喔喔喔喔喔

現生的犰狳也經常會用兩隻腳站起來。

才不會輸

牠們的甲殼被人類當成珍貴的工具或護甲，加上容易獵捕，於是很快就滅絕了。

還是算了！

抱歉啊！

鋼鐵之身的袋鼠
巨型短面袋鼠 ⟨Procoptodon⟩

分類：哺乳綱雙門齒目袋鼠科

全長：3公尺／推測體重：200公斤／分布地域：澳洲／滅絕：約4萬7000年前

袋鼠中是最大的一種。

肌肉比現生的袋鼠強壯和結實很多。

登登

登

登

臉非常短，眼睛朝向前方！
和人的臉很像。

體重約200公斤，是現生袋鼠的兩倍以上。

嗚哇！

登登

登登

一根腳趾的腳。

蹦
跳

因為巨型短面袋鼠喜歡鹽分多的植物，所以可能要喝很多水，養成靠近人類住家附近水源活動的習性，所以應該不難獵捕。

好渴喔！

登

登登

I'll be back

咕嘟

咕嘟

雖然牠們滅絕的真正原因不明，不過似乎在4萬7000年前就消失蹤影了。

大阪難波有鱷魚！
待兼豐玉姬鱷

〈Toyotamaphimeia machikanensis〉
分類：爬蟲綱鱷目鱷科

全長：6.9～7.7 公尺／推測體重：1.3 公噸／分布地域：日本／滅絕：約 45 萬年前

學名源自《古事記》中登場的「豐玉姬」及發現地的大阪「待兼山」。

豐玉姬
（化身成鱷魚）

咕嚕咕嚕

久等了，哺乳類們。

也有一說認為棲息於中國的待兼豐玉姬是「龍」的原型。

哦～

龍

居然在**大阪大學的校區內挖掘到化石！**

耶呼！

鱷魚先生

在大學露臉。

從 45 萬年前的地層中發現。

體長約 7.7 公尺。

比在現生的鱷魚中，「超大型種」的**河口鱷還要大！**

久等啦

等得好心急

真的

在某塊化石上有個缺了約 1/3 下顎的大傷痕，不過牠好像有存活下來，

真是讓人敬佩的生命力啊！

真受不了

能讓全長 7.7 公尺的巨大身體受如此重傷的對手究竟是誰呢？

可能是龍

嗚哇！

雖然留下了謎團，但從傷痕的齒型來判斷，對手同為鱷魚的可能性是最高的吧……

慢慢踱步的烏龜
歐文卷角龜

⟨*Meiolania oweni*（*Ninjemys oweni*）⟩

分類：爬蟲綱龜鱉目卷角龜科

全長：2～3.8 公尺／推測體重：不明／分布地域：澳洲、新幾內亞／滅絕：3 萬年前

全長可達 2～3.8 公尺的最大型烏龜！

30 萬～3 萬年前棲息於澳洲及新喀里多尼亞。

頭骨很大，寬度可達 57 公分。

雖然不知道牠們是何時滅絕的，但一般認為是從人類出現的地區消失蹤影的。

據說角會卡在殼的前方，所以沒辦法把頭縮進殼裡。

有烏龜耶！

一定要欺負

救救我！

無法觀手旁觀烏龜的話……

浦島太郎

尾巴呈棍棒狀。

起初發現有角的大型頭骨碎片時，被認為是古巨蜥的頭，不過後來確認是歐文卷角龜。

新的學名「*Ninjemys oweni*」，似乎是**忍者龜**的意思。

怎麼看都ㄅ一樣吧！

誰小小的！喂

真的好吃

古巨蜥　　　歐文卷角龜

「巨大的流浪者」　「小小的流浪者」

71

爬蟲類之王
古巨蜥
〈*Varanus priscus*〉

分類：爬蟲綱有鱗目巨蜥科／全長：5～7公尺

推測體重：7公尺的話就大概是1公噸／分布地域：澳洲／滅絕：約4萬年前

生存於4萬年前的澳洲，是史上最大蜥蜴！

最大尺寸是7公尺！
（這樣的話，體重大約是1公噸）

名字的意思是「**巨大的流浪者**」。

借過～

跟科摩多龍是近緣種。

大哥～

口中排滿彎曲的銳利牙齒。

大型的爪子。

以大型草食動物或大型鳥類為食。

考量到科摩多龍能打敗比自己大一倍的水牛，體型更為巨大的古巨蜥會獵捕更大型的獵物就一點也不足為奇了。

可能也能打倒雙門齒獸等大型草食獸。

嗚哇！
嘎噗

嗚哇！

大哥果然！厲害！

雖然化石很少、留下許多謎團，卻是**充滿浪漫的巨大爬蟲類**呢！

PART 3

新生代第四紀②
全新世

約 1 萬年前～現代

新生代第四紀全新世

期間	約1萬年前～現代
氣候	冰期結束，氣候逐漸變溫暖與濕潤，形成現代的氣候。
主要動物	·隨著著氣候變化，使得森林增加、草原減少、大型哺乳動物滅絕。 ·現生的人類（*Homo sapiens*）從狩獵生活轉變為農耕和畜牧生活。
主要植物	·森林增加、草原減少

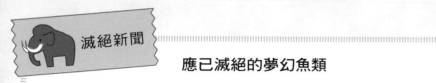

滅絕新聞

應已滅絕的夢幻魚類

你聽過「國鱒」這種魚嗎？喜歡魚的人可能就會知道牠吧！

國鱒原本是只分布於日本秋田縣田澤湖的特有種魚類，在1940年被認定已滅絕了。滅絕原因是因為要在田澤湖發電，而從附近名為玉川的河流導入具強酸性的水。

但在2010年，山梨縣的西湖卻再度發現國鱒。這則新聞被電視和報紙等媒體大幅報導，讓國鱒的知名度頓時大為提升。

國鱒成了日本重新發現滅絕生物的首例。這個發現讓我們能重新研究國鱒的未知生活，將對日本國內的魚類研究員產生重大的影響。

今後，隨著研究的進行而使國鱒數量增加的話，也可能被端上餐桌供我們食用。從今以後的研究進展真是讓人迫不及待啊！

世界最有名的滅絕鳥類
模里西斯度度鳥 ⟨*Raphus cucullatus*⟩

明明就不好吃，卻被吃光了。

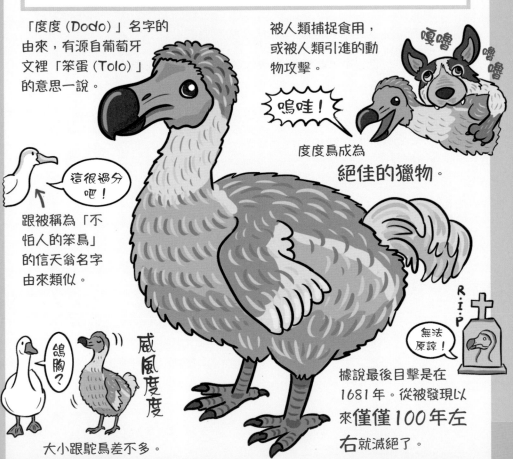

「度度（Dodo）」名字的由來，有源自葡萄牙文裡「笨蛋（Tolo）」的意思一說。

被人類捕捉食用，或被人類引進的動物攻擊。

嘎嚕
嚕嚕

嗚哇！

度度鳥成為 **絕佳的獵物。**

這很過分吧！

跟被稱為「不怕人的笨鳥」的信天翁名字由來類似。

鴿胸？

威風度度

大小跟鴕鳥差不多。

R.I.P

無法原諒！

據說最後目擊是在1681年。從被發現以來**僅僅100年左右就滅絕了。**

度度鳥的骨骼

這是怎麼回事？

現有的度度鳥記錄只有初期探險家收集的標本，以及近年發現的化石而已。不過從殘留的組織獲取遺傳訊息而使度度鳥「復活」，在技術上應該也不是不可能實現的吧！

根據近年的 DNA 研究結果，已知度度鳥應該是屬於鳩鴿科，也許能用鴿子當代理孕母也說不定！

媽媽～

這是怎麼回事？

綠蓑鳩

附帶一提，與度度鳥血緣最近的物種似乎是「綠蓑鳩」。

新生代第四紀②全新世

75

超級大明星度度鳥

度度鳥（模里西斯度度鳥）是全世界最有名的滅絕動物，換句話說，這種鳥絕對稱得上是「滅絕動物中的超級大明星」！
世界上有這麼多的滅絕動物，為什麼度度鳥的知名度會特別高？
在路易斯・卡洛爾的小說《愛麗絲夢遊仙境》中，度度鳥也有登場。

在卡洛爾任職的大學有展示度度鳥，他經常去看那個標本。
卡洛爾本身有輕微的口吃，據說他在講自己名字時，常會卡住而說成：「Do、Do、Dodgson」。卡洛爾的本名是查爾斯・道奇森（Charles Dodgson）。他是否因此對命運乖舛的度度鳥感到親切呢？

而後《愛麗絲夢遊仙境》大為暢銷，度度鳥的插圖映入許多人的眼中，成為全世界無人不曉的知名滅絕鳥類了。

在模里西斯的貨幣中，度度鳥的姿態現今仍舊和偉人們一起被印在紙鈔上呢！
此外，牠們也在象徵動物保育的活動中，獲得壓倒性的支持，成為最受歡迎的吉祥物。

因人類行為而從地球消失身影的度度鳥，
可說是以滅絕動物之「超級大明星」的方式，
在我們的社會中「繼續存活」下去。
不斷的重複述說度度鳥曾存在的故事，
是否就是我們人類的義務呢？

分　　類：鳥綱鴿形目鳩鴿科	全　　長：1公尺
推測體重：25公斤	分布地域：模里西斯島
滅　　絕：1681年（最後目擊）	
備　　註：學名的意思是「和杜鵑很像的有縫線鳥類」，不過究竟哪裡像就不清楚了。	

口中就是托兒所
胃育溪蟾 <Rheobatrachus silus>

在嘴裡育幼的奇妙蛙類。

曾生存於澳洲昆士蘭省的部分溪流中。

又稱為鴨嘴獸蛙。

到了夜晚會捕食陸地上的獵物。

呱呱

滾回哺乳類

嗯？鳥？

發現於 1973 年。

雄性體長為 3.3～4.1 公分，雌性體長為 4.5～5.4 公分。

蛙如其名，以極為 **獨特的育幼方式**聞名！

首先，雌蛙會把受精卵吞下去。

咕

嚕

嗚

哇！

不是要吃啦！

於是胃部停止產成胃酸，成為臨時子宮。

蝌蚪寶寶～

寶寶睡，乖乖蛙

蝌蚪會在母蛙的胃中釋放抑制胃部消化液分泌的物質，避免自己被消化。

幾星期後，母蛙就會把孵化並已變態的小蛙**吐出來！**

呼～

好累

呀！

那邊那隻

蛙蛙危機

胃育溪蟾滅絕的原因被認為是「蛙壺菌病」。

這是一種會使兩生類無法再用皮膚呼吸的疾病，
自1970年代起，已造成數百種兩生類大量死亡！

這種造成史上對生物多樣性最嚴重打擊
的病原菌——蛙壺菌，一般認為是在
1950年代從朝鮮半島開始擴散出來的。

從前這種真菌在當地是和動物和平
共存的，但在韓戰時有許多士兵和
物資在這裡進出，其中也混入兩生
類，蛙壺菌可能就是藉此擴散到世
界各地。

**全球性的寵物交易，讓蛙壺菌的
感染範圍持續擴大……**
人類「想要飼養珍稀兩生類」的
慾望，在不知不覺間加速對生態
系的破壞。

為了避免像胃育溪蟾這樣獨特又具魅力的兩生類再度滅絕，
需要更進一步的研究與對策。

分　　類：兩生綱無尾目龜蟾科	全　　長：3～5公分
推測體重：不明	分布地域：澳洲
滅　　絕：1980 年代中期	
備　　註：雖然自 1980 年代中期後就沒再被目擊過，已滅絕的可能性很高， 　　　　　卻也是「最期待再被發現的 10 種」滅絕生物之一。	

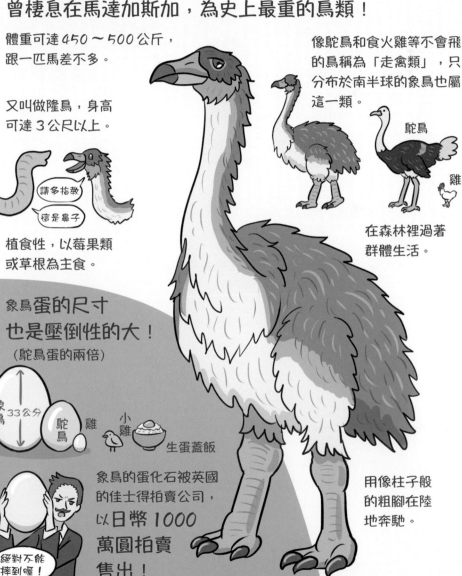

搖滾的巨鳥
象鳥 〈*Aepyornis*〉

傳奇的重量級巨鳥離開這片大地。

曾棲息在馬達加斯加，為史上最重的鳥類！

體重可達450～500公斤，
跟一匹馬差不多。

像鴕鳥和食火雞等不會飛
的鳥稱為「走禽類」，只
分布於南半球的象鳥也屬
這一類。

又叫做隆鳥，身高
可達3公尺以上。

請多指教

這是鼻子

植食性，以莓果類
或草根為主食。

鴕鳥

雞

在森林裡過著
群體生活。

象鳥蛋的尺寸
也是壓倒性的大！
（鴕鳥蛋的兩倍）

象鳥 33公分

鴕鳥

雞

小雞

生蛋蓋飯

象鳥的蛋化石被英國
的佳士得拍賣公司，
以日幣1000
萬圓拍賣
售出！

絕對不能
摔到喔！

鴕鳥

用像柱子般
的粗腳在陸
地奔馳。

巨石傳奇

委內瑞拉的行旅商人馬可波羅在結束俄羅斯
的旅程後，**回程造訪了「馬加斯達島」，
從當地居民那聽說了巨大鳥類的傳聞。**

「很巨大、力氣也大！能輕鬆抓住
大象在空中飛行。」
「當這種鳥展翅時，即使是白天，
天空也會變暗。」
「在生氣時只要一踢，就能夠把牛
給殺死。」……

擁有許多英勇事蹟的傳奇巨鳥也在
《一千零一夜》（天方夜譚）中出現……
叫做「巨石鳥」！

**假如「馬加斯達島」指的是馬達加斯加島的話，巨石鳥的原型應該就是
象鳥吧！**實際上，一般認為牠們在13世紀時應該還存活著。

不過現實中的象鳥並無法像巨石鳥那樣在空中飛，
但因馬達加斯加島上沒有大型肉食動物，
所以象鳥能安全的生活。

由於森林不斷被開發，象鳥的
棲息地減少，蛋也被人類拿走
等，最後終究消失無蹤。

雖然在水邊的沙
地找到許多巨大
的蛋，卻沒有發
現孵化的痕跡。

無論是傳說中的巨大身體或堅固的蛋，
也沒能度過「人類」這個難關。

不過也有人認為牠們在不久前都還存活著……
「傳說的巨鳥」至今仍然擄獲著人們的心。

分　　類：鳥綱隆鳥目象鳥科	全　　長：3公尺
推測體重：450～500 公斤	分布地域：非洲（馬達加斯加）
滅　　絕：1840 年左右	
備　　註：學名的意思為「個頭高大的鳥」。	

大海雀 <Pinguinus impennis>

縱然度過火山大爆發的難關也……

在北大西洋的島嶼過著集體生活的海鳥！

主食為魚和烏賊。

海鳥鴉*

嗚哇！

雖然不能飛，卻能用20公分長的短小翅膀在水中**高速游泳**。

不列顛的漁夫稱大海雀為 **Pen・Guin**，在凱爾特古語中是「**白色頭**」的意思。

繁殖期會在島上登陸，集體產卵和育雛。

咕餵

Pen guin
圓滾滾 Pen guin

但對學者來說，比起大海雀的「白色頭」，反而對牠的「**圓胖身體**」比較印象深刻，所以「Penguin」就被當成是「**胖胖的鳥**」的意思了。

由於學者在南極發現了不會飛的「胖胖的鳥」，於是也把那些鳥稱為「Penguin」。

Penguin 胖胖的鳥
真讓人火大

只不過企鵝和大海雀是完全沒有親源關係的兩個物種。

吼唷！
到底是怎樣

＊ 海雀的日文直譯為海鳥鴉。

新生代第四紀②全新世

絕命終結

大海雀有很強的好奇心，並且不怕人類，每當有船抵達，就會搖搖晃晃的走去看「造訪者」。

對人類來說，會主動靠過來的不會飛鳥類，完全是個絕佳的獵物。

羽毛能做成防寒用品，身體可取得高品質的油，再加上蛋很美味，更助長了對牠們的獵捕。據說一天會殺死1000隻以上。

在19世紀時，只剩下愛爾蘭外海的小島「海雀岩礁」能看到牠們的蹤跡。

但在1830年，居然發生海底火山爆發和地震！整座島沉入海中，大多數的海雀都死了。

奇蹟般存活下來的數十隻海雀遷移到附近的岩場。

原本就以稀有聞名的大海雀，在這之後，標本的價值更是不停上漲，成為見錢眼開的獵人覬覦的目標。

於是到了關鍵的那一天，1844年6月3日，三個男人乘船來到島上，殺掉了最後一對大海雀，這天成為大海雀存活的最後一天。

簡直就像被一連串厄運襲擊而滅絕的大海雀，**而「人類」絕對是其中最糟糕的厄運。**

分　類：鳥綱 形目海雀科	全　長：75～85 公分
推測體重：5 公斤	分布地域：北大西洋
滅　絕：1844 年（1852 年有目擊案例）	
備　註：大海雀的蛋前端比較尖，能讓蛋不易 　　　　從懸崖上掉下去。	

我們是加勒比一族
西印度僧海豹 <Neomonachus tropicalis>

受到名為「開發」的海盜威脅的加勒比居民。

廣泛分布於加勒比海周圍的牙買加等地！

最古老的記錄是1484年
哥倫布留下的。

> 好可愛……

稀有的西印度僧海豹剝製標本
收藏於荷蘭的萊登博物館。

> 要好好保存喔！

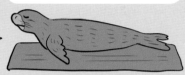

以魚和烏賊、
章魚為食。

呃喔喔喔

> 嗚哇！

> 邪神!?

雌性體型比
雄性大。

據說體型小的雄性不會
彼此爭鬥，過著一夫一
妻的和平生活。

1952年以後，
就沒有人再看過西印度僧海豹了。

從前有33萬8000隻棲息著，但在
不知不覺間滅絕了。

滅絕的原因除了為取得海豹油而狩獵、
漁夫的驅趕外，還有人類為了觀光需求對
加勒比海周邊的開發。
對海豹來說，被剝奪休息和育幼的陸地應該
是致命的打擊吧！

> 嗚嗚嗚

> 耶呀

不負責任號

喋嚕嚕嚕嚕嚕嚕

> 耶呀

加勒比快樂海盜

> 沒救了

加勒比
怨言海豹

海豹的壞消息

一提到海豹，就會有牠們生活在寒冷海域的印象，
但只有僧海豹類是生活在溫暖的熱帶海域。

除了已經滅絕的西印度僧海豹外，
現存的僧海豹還有地中海僧海豹和
夏威夷僧海豹。

不過，剩下的這兩種也瀕臨滅絕了。
地中海僧海豹剩下350～400隻，
夏威夷僧海豹則是1300隻。
為了避免牠們滅絕，正進行遺傳信息的研究。

史密桑研究所的僧海豹皮保存得很好，研究者從皮
抽取出DNA，也對三種僧海豹
的頭蓋骨做了研究和比較。

地中海　　夏威夷　　　西印度

但是，研究結果發現……
西印度僧海豹及夏威夷僧海豹，
竟然跟地中海僧海豹是不同屬的動物！

這對現存的兩種僧海豹可能是不好的消息。
原本萬一其中一種滅絕了，還有另一種可以
當「備胎」，但現在發現牠們分別是不同演
化系統最後的殘存者，都是稀有的物種。

鴨嘴獸

千萬別忘記西印度僧海豹滅絕的
悲劇，必須要謹慎守護殘存的兩
種僧海豹才行。

地中海僧海豹是目前歐洲
最稀有的哺乳類。

分　　　類：哺乳綱食肉目海豹科	全　　　長：2～2.3公尺
推測體重：170～270公斤	分布地域：北美、巴哈馬群島、
滅　　　絕：1952年（IUCN發表）	安地列斯群島
備　　　註：壽命約為20年。	

巨大的角
大角鹿 <Megaloceros giganteus>

以巨大的角著稱的鹿。

和長毛猛獁象一起生活在冰河期「猛獁草原」的大型鹿。

一起？

不用了

史上最大的角！
最大寬度約 3.5 公尺，
兩邊角的重量合計可達
45 公斤。

又叫愛爾蘭麋鹿、巨大角鹿、
巨型鹿。

可是和麋鹿不是同類。

咦～？

雖然大型的角作看很礙事，但吸引雌性的效果卻非常大。
展現自己「強壯到可以長出如此巨大的角」。

約會app

Hornbook

呵呵

角很大吧？

看不見啊！

雌鹿

為了能支撐笨重的角，頸部的骨頭和肌肉都很發達。

這會流傳青史喔～

嚇你的

留下來了

真的

應該是以四隻又長又強壯的腳在廣闊的草原上奔馳吧！

在法國拉斯科洞窟的壁畫上也畫了牠們的姿態。

新生代第四紀②全新世

是龍還是蛇？

具有巨大角的大角鹿也曾在日本棲息，
牠的名字就叫做「矢部巨角鹿」！
生存在有諾氏古菱齒象的更新世後期，是日本最大的鹿，從基部往兩側分支的角，寬度可達1.5公尺。

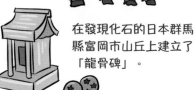

只不過矢部巨角鹿和大角鹿分屬不同的屬。

從角冠的形狀就可以看出不同。

在發現化石的日本群馬縣富岡市山丘上建立了「龍骨碑」。

矢部巨角鹿的角是1797年在群馬的上黑岩發現。因為200年前還沒有化石的概念，大角被認為是「龍的骨頭」或「會引發山崩的大蛇骨頭」。

把那個骨頭……

咚————啦

不准碰！

你們是誰啊？

1800年時，經江戶幕府的醫師鑑定後，確認那是「大型鹿的骨頭」。

鑑定一下吧 是鹿！

由於角被用在「祈雨」儀式上，因此保存於上黑岩的寺院中。而在僅僅十年前的第二次世界大戰時，東京遭到大規模的空襲轟炸，**矢部巨角鹿的骨頭竟奇蹟般的躲過了這場災難！**

無論在發掘紀錄、化石的鑑定書、實際的標本等，矢部巨角鹿化石都具有「日本最古老」的稱號，今後也要好好珍視保存這種稀有遺產才是。

分　　類：哺乳綱鯨偶蹄目鹿科	全　　長：3公尺
推測體重：400公斤	分布地域：歐洲
滅　　絕：7700年前	
備　　註：根據2004年放射線碳素年代的測定，發現牠們的滅絕時間比	
原來推定的要再延後3000年左右。	

* 此為日本和歌《小倉百人一首》中第5篇的詩句。

位於斑馬和馬之間
擬斑馬 <Equus quagga quagga>

無法再現身的馬？

有著前半部是斑馬、後半部是馬的奇妙外觀！

只分布於南非的一種斑馬。

僅頭、頸部、上半身有條紋，其他都是茶色。

以40隻為一群，在平原上共同生活。

據說學名是源自牠們的叫聲。

也有 Khoua-Khoua 的發音口耳相傳後變成 Quagga 的說法。

又被叫做「忘記穿上睡褲的斑馬」。

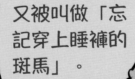

Qua… Qua…

Quagga

斑馬

請多保重

是在打噴嚏嗎？

早啊！

哎呀

和移民帶來的綿羊競爭，也是滅絕的原因？

哇耶一

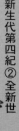

據說擬斑馬是被歐洲人逼到滅絕的境地，肉當成食材，皮被用來製作衣服或包包，同時非洲人也濫捕的結果，

在短短的30年間，擬斑馬就消失無蹤了。

勿忘擬斑馬

在100年前滅絕的擬斑馬，真的再也見不到了嗎？**自1986年起，發起了讓擬斑馬復活為目標的「擬斑馬計畫」。**

斑馬

擬斑馬
比例提升！

斑斑馬

你好……

研究擬斑馬的DNA後發現，
擬斑馬是草原斑馬的亞種。
為了要讓擬斑馬的特徵出現，
研究團隊反覆讓草原斑馬交配，
重複交配後，擬斑馬的特徵會逐漸明顯，
到了第4～5世代時，
條紋會漸漸減少，下半身的茶色會變深。

擬擬斑馬？

最後，南非的研究團隊成功讓長得跟擬斑馬一模一樣的個體誕生了！

這樣交配誕生的馬命名為
「拉烏擬斑馬」！
等到拉烏擬斑馬的數量達到50隻時，
就讓牠們聚在一起，組成一個群體。

但其實「拉烏擬斑馬」和已滅絕的擬斑馬
並不是同樣的動物，只是外表看起來很像而
已。不過，若是能讓人對擬斑馬的長相有大致
的印象並遙想從地球消失的生物上有所幫助的話，
也算是個有意義的嘗試吧。

鐺

擬斑馬

鐺

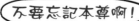

不要忘記本尊啊！

正宗
擬斑馬

分　　類：哺乳綱奇蹄目馬科	全　　長：2.4公尺
推測體重：不明	分布地域：南非
滅　　絕：1883 年	
備　　註：據說擬斑馬和性情乖戾、脾氣暴躁的斑馬 　　　　　比起來，個性非常溫和。	

啊啊，巨鳥
北方巨恐鳥 <Dinornis novaezealandiae>

在孤島上悠悠漫步的最高大鳥類。

生存於紐西蘭，是**地球上最大的巨鳥！**

鴞鸚鵡

好大啊

奇異鳥

（都是紐西蘭的鳥）

身高可達 3～3.6 公尺！
據說是地球上個子
最高的鳥類。

1, 2, 3, More

Giant MOA
（巨恐鳥的
英文）

身體巨大的是**雌性！**
雄性的高度只有**雌性**的
一半，約 1.5 公尺。

比你矮
可以嗎？

雄性都
矮啊！

♀   ♂

和日文名「大關巨恐鳥」
很相稱的**重量級**鳥類！

勝負未定

雄鳥85公斤，雌鳥
250 公斤，體重也
差了將近 3 倍。

快快長
大吧～

再過陣子

體重可達 250 公斤
（比大關*還重！）

腳標本的骨頭、肉、皮
都保存得很好。

2010 年時，在蛋
殼外發現附著了
雄性的 DNA！
很可能是雄鳥孵
蛋留下的痕跡。

* 「大關」是相撲力士的
等級之一，僅次於最高
的「橫綱」。

新生代第四紀②全新世

89

永遠的巨鳥夢

北方巨恐鳥在毛利人抵達紐西蘭的100年後
就幾乎完全消失蹤跡，一般推測是在
歐洲人抵達的16世紀左右遭到濫捕而滅絕。

走開！你這個水果

我是鳥

啄 啄

奇異鳥

但是，據說在19世紀都還有目擊記錄！

1860年，有人目擊
站在河邊的巨鳥。

現身

嘰嘰！

同年，有新的
腳印在洞窟附
近持續延伸。

1892年，在貝塚遺跡中除了
北方巨恐鳥的骨骼外，還發現了破碎的瓶子和煙斗。
這是直到最代，人類都還食用北方巨恐鳥的證據？

先不管這類目擊記錄或生存證據的可信度，
「史上最大的鳥類」北方巨恐鳥仍不斷吸引著人們的目光。
每當提起「讓滅絕動物復活」的話題時，
北方巨恐鳥都最先被列入候補名單中。
也有人嘗試從骨頭取出DNA導入雞胚中，
想讓北方巨恐鳥的樣貌重生。
首先，要找出決定體色的DNA，
確認北方巨恐鳥的羽毛顏色。
雖然完全復原是極困難的技術，
不過還是想讓**「史上最大鳥類」**
的樣貌能鮮明的復甦。
像這樣充滿浪漫的人類夢想，
實現之日也可能會來到的。

恐雞

失敗了嗎？

嗯
嗯

還是很厲
害啦！

也有羽毛是
金屬藍色的
說法。

分　　　類	鳥綱鴕鳥目巨恐鳥科	全　　　長	雌性 3 ～ 3.6 公尺、
推測體重	雌性約 250 公斤、雄性約 85 公斤		雄性約 1.5 公尺
滅　　　絕	1770 年左右	分布地域	紐西蘭公尺
備　　　註	似乎是利用北方巨恐鳥會吞食小石子的習性， 讓牠們吞下燒得滾燙的石頭再加以獵捕。		

來吧！滅絕之島
史蒂文島異鷯 <Traversia lyalli>

被可愛的傢伙導致滅亡了。

雖然是可愛的小鳥，卻面臨**極為悲慘**的結局。

居然無法在空中飛！
超過 5000 種的雀形目鳥類中，只有史蒂文島異鷯不會飛。

燕雀收集！
（收藏雀形目）

史蒂文島異鷯

超稀有技能

不會飛

一點也不羨慕

麻雀

這個特徵在不久後引發了悲劇……

牠們生活在紐西蘭附近一座叫「史蒂文島」的美麗島嶼。

歡迎光臨★

一般認為史蒂文島異鷯在這個長度僅有 1.6 公里的小島上平和的生活著。

目前留下的標本只有 15 個。

超級稀有

沒錯，直到「那傢伙」來到島上為止！

事情的開端是在史蒂文島燈塔啟用的 1894 年，三位燈塔守衛和他們的家人因此搬到島上生活。

史蒂文★燈塔

嘿呵

我們是燈塔守衛

保護這座燈塔～

可喜可賀

絕對不是這樣

啾啾★

事情沒那麼簡單

聽不到的鳥鳴聲

一般認為史蒂文島異鷦是以極罕見的方式滅絕……
居然是因為一隻貓而導致全數滅亡！

燈塔守衛來到島上的同時，一隻懷孕的
母貓也被帶到史蒂文島上。
母貓在抵達後就立刻生下小貓……

四個月後，貓叼著一隻小鳥到一位
燈塔守衛那裡。小鳥已經死亡了，
而且是隻從來沒看過的鳥。貓幾乎每天
都到海岸去，總共捕捉了11隻鳥。

燈塔守衛馬上把這種鳥的標本送到英國鳥類學家那，
結果確定是刺鷦類的新種鳥類！
命名為 *Xenicus lyalli*。
在那之後，貓又抓來4隻左右的史蒂文島異鷦，
已是牠們被目擊的最後身影。

由於貓在持續繁殖後數量又增
加了，一般認為史蒂文島異鷦
大概是在1895年被獵捕殆盡，
滅絕了。

在島嶼等封閉世界中悠哉生活的原生物種，
被外來生物逼到滅絕的例子不勝枚舉。

因相似原因而
瀕臨滅絕的鴞
鸚鵡。

史蒂文島異鷦的悲劇是其中的極端案例，
得繼續述說流傳下去才行啊！

分　　類：鳥綱雀形目刺鷦科	全　　長：約 10 公分
推測體重：不明	分布地域：紐西蘭的史蒂文島
滅　　絕：1895 年	
備　　註：由於有了史蒂文島異鷦的悲劇，在 1925 年 時已將所有的貓從史蒂文島移除了。	

悲劇的大海獸
史特拉海牛 ⟨Hydrodamalis gigas⟩

在發現後的短短 27 年就滅絕的悲戚海獸真面目是……

在寒冷海洋中生活的海牛類！
（海牛、儒艮等）

儒艮　海牛

海牛？

万是你啦！

也万是你啦！

喇一喘

一般認為體長有 7～9 公尺，
讓身體變大，好儲存脂肪，
適應寒冷的氣候。

以最初記錄牠的德國學者史特拉的名字命名。

據說牙齒退化消失了。

啊

皮的厚度超過 **2公分**。

像手的鰭中**沒有指骨**。（其他的海洋哺乳動物有）

嚼嚼

嚼嚼

以海藻為主食的脊椎動物非常罕見。

分成雙岔的尾巴。

也有比非洲象還要大的個體。

在海岸淺灘邊吃海藻。

也有牠們完全不潛水，是在陸地上步行的說法。

咚咚

咚咚

大海牛也消失無蹤

在1741年的太平洋，探險船彼得大帝號在從阿拉斯加探險的回程中，在無人島上觸礁，有一半以上的船員因飢寒交迫而死亡。**在那個島上有非常多的海洋哺乳動物，其中也包括史特拉海牛！**

那些海洋哺乳動物是船員們存活的關鍵。厚達10公分的脂肪層有著杏仁油般的味道，成了33人一個月份的食材。

在那之後，這個島及動物被廣為流傳，無數的獵人為了獲取海洋哺乳動物的肉、脂肪及毛皮而造訪此地，大量濫捕、濫獵也因此開始！

由於巨大又沒有天敵的史特拉海牛對人類完全沒有警戒心，所以很容易就被獵人獵捕了。

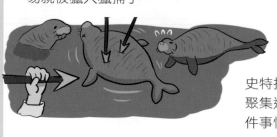

史特拉海牛看到同伴受傷，就會成群聚集過來想給予幫助的習性，也讓這件事情變得更糟。

一般認為在北極海曾有2000隻史特拉海牛，但在牠們被發現27年後的1768年，一份標題為「殺了剩下的幾頭海牛」的報告，成為史特拉海牛最後的記錄。

如此親切的海洋巨型哺乳動物被快速逼到滅絕的境地，成為導致動物滅絕的人類究竟有多可怕的經典案例。

分　　類：哺乳綱海牛目儒艮科		全　　長：7～9公尺	
推測體重：5～12公噸		分布地域：北太平洋的白令海	
滅　　絕：1768 年或之後			
備　　註：據說史特拉海牛肉的味道和口感跟小牛的肉很像。			

棲息在森林裡的神
日本狼
⟨Canis lupus hodophilax⟩

被尊崇為神明的狼為何會從森林消失無蹤？

曾廣泛分布於日本本州、四國和九州的狼！

通常是 2～3 隻，
多的時候會形成 10 隻狼
的群體生活。

大小約為 1 公尺，
比灰狼小一號。

狼的日文意思是「大神」，
**像神般超越人類的
知識**而受到尊崇。

應該是因為農民認為
牠們像守護神一般，
能幫忙防治損毀作物
的野豬和鹿。

嗚！

主要的獵物是鹿！
一般認為牠們
會成群追趕
並捕食。

开

祭拜吧！

也有祭祀狼
的神社。

在北海道曾有蝦夷狼。
由於對牠們捕食獵物的
英勇姿態表示敬意，而
稱之為「狩獵之神」。

嗷嗚——

據說當有人侵入牠們的
領域時，牠們會跟在後
面，直到那個人離開領
域範圍為止，這也是日
文「送客狼」一詞
的由來。

真是的……

我送你吧！

啊，是送客狼

吵死了！

哇

狼人前輩

再會了，親愛的大神

雖然狼在西洋（童話中）被當成壞蛋，但在日本則是以「大神」、「大口真神」等地位被尊敬與崇拜，日本狼和人類很和諧的共存著。

既然如此，為什麼會從日本的森林消失無蹤呢？
一般認為，主因是1732年左右從歐洲傳進日本的狂犬病，**在日本也使許多的狼受到感染。**

由於被日本狼咬到的傷口比狗咬的要深，又幾乎是100%會發病，所以逐漸被當成「被咬到就會死的動物」而令人恐懼。

再加上土地開發導致棲息地減少，野生的鹿和兔子等獵物也減少了，牠們為了存活改去襲擊家畜。

為此，明治政府及各縣開始發獎金懸賞獵捕，因獎金而被殺的狼也增加了。

終於在1905年（明治38年），在日本奈良縣被獵殺的年輕雄性個體，成為最後的日本狼。

雖然後來出現許多的目擊記錄，但卻沒有任何牠們仍舊存活的證據。
在日本的某處，是否還有留存著能讓「大神」低調生活的隱密場所呢？

分　　　類：哺乳綱食肉目犬科	全　　　長：約1公尺
推測體重：約 15 公斤	分布地域：日本（從本州至四國、九州）
滅　　　絕：最後的記錄在 1905 年	
備　　　註：2014 年時確認日本狼是現生灰狼的亞種，並不是日本的特有種。	

傳說誕生
巴巴里獅 <Panthera leo leo>

古羅馬的明星，披著「黑衣」的百獸之王！

在獅子的亞種中體型最大！可達 4 公尺以上。

別名為亞特拉斯獅。

棲息在摩洛哥北部的
亞特拉斯山脈。

巴巴里
百獸之王

底底摔獸！

特徵是延伸至背部及
腹部的深色棕毛。

下來！

身體很長，
四肢很短也
是特徵。

在公元前 6 世紀，
巴巴里獅被當成戰利品從北非帶到羅馬市，
為了讓牠們在羅馬競技場和格鬥士對戰，
成為給人們觀賞的表演節目。

在羅馬帝國滅亡後，
由於森林的破壞及
人類的狩獵等，
導致個體數減少。

嗚哇！

來吧！
上啊！

喔喔喔喔

抱歉了

為何
半裸？

巴巴里獅不是
應該已經
滅絕了嗎？

凱旋歸來的百獸之王

一般認為，1922年在亞特拉斯山脈的最後一頭巴巴里獅被射殺後，野生族群就此滅絕了。

可是，居然還有殘存的個體！

原來穆罕默德五世（現任摩洛哥國王的祖父）的私人動物園中還有飼養的個體！

這是該國的一個部落為了證明對國王的忠誠，所贈送的數隻獅子。

首都的拉巴特動物園在剛開幕不久就有3隻巴巴里獅誕生！

巴巴里

獅王的相親

你想去的國家是？

印度之類的

耶呼！

為了不讓巴巴里獅的血統斷絕，拉巴特動物園至今仍持續嘗試繁殖，目前共有32隻，相當於全世界動物園的巴巴里獅總數的一半。

能把衣服穿上嗎？

哇哈哈哈哈哈哈

為什麼？

現今的皇室紋章上畫著守護皇冠的兩隻巴巴里獅（亞特拉斯獅），摩洛哥的足球代表隊也以「亞特拉斯雄獅」為暱稱而受人喜愛。

在1956年摩洛哥獨立以後，動物園的獅子成為摩洛哥少數的歷史文化財產。

消失的「百獸之王」至今也仍舊是人們心中的重要象徵。

分　　類：哺乳綱食肉目貓科	全　　長：3～4公尺
推測體重：350 公斤	分布地域：非洲北部
滅　　絕：1922 年時野外滅絕	
備　　註：大多數的獅子喜歡莽原，不過巴巴里獅似乎喜歡森林。	

新世紀滅絕戰士
平塔島象龜 <Chelonoidis abingdonii>

唯一一隻被孤單留下的哀傷象龜？

棲息於加拉巴哥群島的平塔島上的象龜！雖然在 20 世紀初期就被認定滅絕了，但卻在 1971 年發現雄性象龜！由於牠是**孤單一隻**獨自生活著，所以被稱為**寂寞喬治**（Lonesome George）。

雖然也嘗試讓牠跟亞種的兩隻雌龜配對（繁殖），不過牠卻對雌龜不太感興趣。

滅絕的原因很可能是人類帶到島上的**山羊野生化**，把平塔島象龜賴以為生的植物吃光了。

那個……

嗯嗯

你是笨蛋嗎？

嗯嗯

完全万行啊！

瞬間，心万在一起。

万准吃！

山羊來襲

我又万吃肉

2012 年 6 月 24 日，當保育員去看喬治的狀態時，發現牠不會動，並確定死亡了。

我死了還有千千萬萬個我。

沒有了喔

推測喬治約 100 歲左右，似乎已很長壽，但平塔島象龜的壽命為 200 年，可說是「還很年輕就死了」。

該用什麼表情面對？

笑著面對吧！

喬治的死亡被認為平塔島象龜就此滅絕，但是……

你（並不）孤單

全世界最知名的平塔島象龜寂寞喬治已經離開這個世界。

但是，至少還有17隻跟喬治有相似基因的象龜生活在加拉巴哥群島的

伊莎貝拉島上，原本喬治的死亡被認為滅絕的亞種出現了依舊存活的可能性。

在島中心呼喚愛的象龜

2008年從伊莎貝拉島的象龜採取了
超過1600份的DNA樣本進行分析，跟喬治的
DNA比對後，確定其中的17隻是具有平塔島
象龜基因的雜交種。

熔岩象龜

國家公園管理局表示，「還有許多象龜棲息在
伊莎貝拉島的沃爾夫火山，其中也可能有純種」。

象龜對加拉巴哥群島的生態系是極為重要的動物。
牠們能幫忙散播種子，以樹木或
仙人掌為食，擔任調整生態系
平衡的角色。
平塔島象龜的復活，
對島嶼整體具有很大的意義。

仙人掌
我招待
不會痛嗎？
那些刺……

這是哪？

喬治的一生也許確實很孤獨，
**但牠緩慢步行的大型身影至今也仍受到許多人的喜愛，
被視為加拉巴哥的大自然象徵。**
喬治是否真的成為「最後的」平塔島象龜，
就看我們人類的努力了。

分　　類：爬蟲綱龜鱉目陸龜科	全　　長：1.2 ～ 1.3 公尺
推測體重：雄性 270 ～ 320 公斤， 　　　　　雌性 130 ～ 180 公斤	分布地域：加拉巴哥群島（平塔島）
滅　　絕：2012 年 6 月 24 日	
備　　註：遭到想獲取象龜肉的船員濫捕，似乎也是滅絕的原因之一。	

塔斯馬尼亞虎狼
袋狼 <Thylacinus cynocephalus>

敗給人類及澳洲野犬的澳洲有袋類。

雖然又被稱為「塔斯馬尼亞虎」或「塔斯馬尼亞狼」，但其實**既不是虎也不是狼，而是「有袋類」！**

袋狼是更新世就有的物種，雖然在澳洲已於3000年前就滅絕了，不過在塔斯馬尼亞卻到1936年都還存活著。

外觀跟狼非常相似，在生態系也跟狼占有同樣的地位。

前門的虎、後門的狼

我是塔斯馬尼亞虎

俺是塔斯馬尼亞狼

兩邊不都一樣嗎？

在澳洲西部的洞窟中，發現了5000年前的袋狼木乃伊。

以小袋鼠、袋貂、鳥類為食，有時甚至連**大型袋鼠**都會捕食。

嘎嚕嚕嚕

嗚哇！

動作非常敏捷，能悄悄的跳躍，撲向**2～3公尺**遠的獵物。

人類移居到澳洲時，把澳洲野犬（一種野犬）也帶過去了。

興奮　雀躍

澳洲野犬

你誰啊？

不具社會性的袋狼，在和以智能取勝的澳洲野犬競爭中落敗了。

氣氣氣

嗚哇！

自1770年庫克船長抵達澳洲後，被當成鬣狗而受到敵視。

你這隻鬣狗

砰

我不是啊

在1930年代，野生的個體滅絕了。

從滅絕的死胡同中復甦！

最後一隻袋狼於1936年9月7日在塔斯馬尼亞省的
動物園中死亡。因此，袋狼被認定已滅絕了。

哈啊～啊

至今仍然
留存著黑
白影像。

雖然是雌性，
但不知道為何命名
為「班傑明」
（男性的名字）。

真隨便！

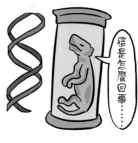

這是怎麼回事……

託108年前的袋狼寶寶標本之福，
奇蹟似的抽取出狀態保存良好的DNA，
袋狼所有的基因組全部解讀出來了！
解讀袋狼的基因組，也就是「基因圖譜」，
是複製動物、使物種復活的一大步！

從母親的「袋子」裡取出
保存的 13 隻幼體中的
1 隻抽取 DNA。

永遠的巨恐鳥、

度度鳥……

袋狼的滅絕是一件明顯需由
人類負起責任的案例。
牠們和旅鴿同樣是想復活的動物中，
候補優先順位很前面的動物。

**儘管要製造出功能完整的
基因組並不容易，
不過也許有一天，
完全重現袋狼的日子會到來。**

會出現什
麼呢？

福袋狼

福代袋

話雖如此，讓滅絕動物復活究竟是否正確與正當？仍有許多議論空間。
此外，復活的是否真的是已滅絕的袋狼，就又是另一回事了。

分　　類：哺乳綱袋貂目袋狼科	全　　長：1～1.3 公尺
推測體重：30 公斤	分布地域：澳洲的塔斯馬尼亞島
滅　　絕：1936 年	
備　　註：又叫「塔斯馬尼亞虎」是因為牠們背上的條紋。	

強壯狐猴
愛氏巨狐猴 <Megaladapis edwardsi>

棲息在馬達加斯加島上的奇妙巨大原猿類！

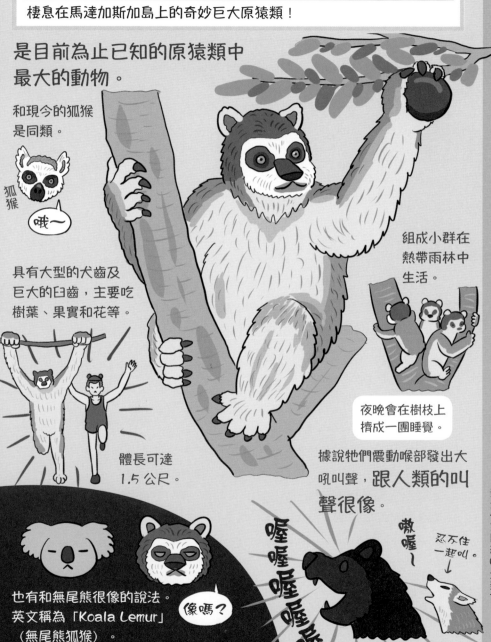

是目前為止已知的原猿類中
最大的動物。

和現今的狐猴
是同類。

狐猴

哦～

具有大型的犬齒及
巨大的臼齒，主要吃
樹葉、果實和花等。

體長可達
1.5公尺。

組成小群在
熱帶雨林中
生活。

夜晚會在樹枝上
擠成一團睡覺。

據說牠們震動喉部發出大
吼叫聲，跟人類的叫
聲很像。

喔喔
喔喔
喔喔

嗷喔～

忍不住
一起叫
↓

也有和無尾熊很像的說法。
英文稱為「Koala Lemur」
（無尾熊狐猴）。

像嗎？

狐猴島

從非洲到馬達加斯加的狐猴祖先們，適應了多樣的環境，演化出許多種類。

類人猿

大猩猩

黑猩猩

長臂猿

冕狐猴

愛氏巨狐猴

光面狐猴

原猿類

光是在馬達加斯加島上，就有像長臂猿般
生活在樹上的冕狐猴，幾隻配對或以家族生活的
光面狐猴，以及像大猩猩般的大型愛氏巨狐猴，
也有世界最小的貝氏倭狐猴。

這就是為什麼馬達加斯加又被稱為「狐猴之島」。
在沒有天敵的孤島上，狐猴們愈來愈繁盛。

但在約2000年前，人們從東南亞搭船
前來開墾森林、放牧家畜，並開始
狩獵愛氏巨狐猴。於是到了500年前，
愛氏巨狐猴終於滅絕了。

另一方面，也有牠們存活到18世紀的
說法，在當地人中也有人相信
愛氏巨狐猴仍存活至今。

**即使受到人類的襲擊，馬達加斯加
仍舊是個神祕的「狐猴之島」。**

哪個好？

豆皮
烏龍麵*

竹籠冷
烏龍麵※

好難選

狐猴

分　　　類：哺乳綱靈長目狐猴科	全　　　長：1.5 公尺
推測體重：80 公斤	分布地域：非洲（馬達加斯加）
滅　　　絕：1500 年左右	
備　　　註：雖然頭蓋骨長達 30 公分，但由於腦的部分很小， 　　　　　　所以應該沒有比大猩猩聰明。	

* 豆皮烏龍麵的日文直譯為狐狸烏龍麵，且發音和狐猴一樣。
※ 竹籠的日文發音和猴子是諧音。

淹沒整片天空的身影
旅鴿
⟨Ectopistes migratorius⟩

那麼大量的鴿子不可能會滅絕吧？

棲息在北美的候鳥！正如「旅鴿」之名，牠們會從五大湖**遷徙大約 100 公里**到墨西哥灣。

加拿大　繁殖地
美國
墨西哥　度冬地

去旅行吧！

操縱翅膀的發達肌肉。

肌肉可以解決一切。

嘿咻　嘿咻

嗚哇！

味道似乎很美味。

口感結實

旅鴿被認為是「**鳥類歷史上數量最多的鳥種**」！據說在最盛時期的數量高達 **50 億隻**！

以如此壓倒性數量而知名的動物，要從這個世上消失無蹤，應該是絕對不可能的事吧？

尖尖的尾羽

天啊！

3隻
100日圓

大拍賣啊

聽說旅鴿遷徙時會遮蔽整個天空，使天空變得黑壓壓一片。

史上消失數量最多鳥類

據說是鳥類歷史上數量最多的旅鴿，
即使如此，為何還是滅絕了呢？

在稱為拓荒時代的1800年代，
原本旅鴿棲息的森林和原野陸
續被開發，被奪走棲息地的鴿
子們吃遍農地的農作物，被農
民視為眼中釘。
接著，各地獵捕旅鴿的
活動變得相當熱絡。

你這傢伙！
碰碰碰
嗚哇！

狩獵者們在木桶
裡塞了滿滿的旅
鴿，裝上火車，
並在文件上寫著

588 桶
重量：5萬公斤
價格：3489 美元

熱銷

從運輸方式到保存技術……
**新的技術創造出新的市場，再加上獵捕技術
的提升，狩獵規模就變得更大了。**
據說每年使用陷阱跟網子的捕獲量非常龐大，
有數十萬隻。

走向滅亡
一途

1914年9月1日13時，
飼養在美國辛辛那提動物園的
旅鴿瑪莎，
在牠結束29歲生涯的那一天，
旅鴿就此宣告滅絕了。

不要以為自己
能一直存在。

鴿子
終將一死

麻雀
真的！

「數量那麼多，不可能會滅絕」。
旅鴿以自身為例，告訴人類這種想法錯得有
多離譜。

分　類：鳥綱鴿形目鳩鴿科		全　　長：42公分	
推測體重：260～340 公克		分布地域：北美大陸東岸	
滅　絕：1906 年野外滅絕，1914 年完全滅絕。			
備　註：現正從瑪莎的剝製標本萃取 DNA，想嘗試讓旅鴿復活。			

叩叩的滅絕了！？
象牙喙啄木鳥

⟨Campephilus principalis⟩

分類：鳥綱啄木鳥目啄木鳥科

全長：46～51 公分／推測體重：450～570 公克／分布地域：北美東南部／滅絕：1967 年？

棲息在北美廣大原生林中的啄木鳥！

**特徵是像紅色
頭冠般的羽冠。**

是華納卡通動畫
「啄木鳥」的原型。

大笑啄木鳥

嗚哇！

咚

嘶

以巨大的喙部啄
食棲息在大樹裡
的甲蟲（獨角仙
等）幼蟲。

牠的體型並不小，
因此築巢時需要大型的樹木。
但由於森林開發導致大樹減少，
牠們的數目也跟著大幅減少，
到了約 **50** 年前，終於
宣告滅絕了。

用這個換

那就不客
氣收下了

給你
蘋果。

據說喙部成為原住民
的裝飾品，或被用做以
物易物的貨品。

這樣看
得出來
嗎？

!?

不過在 2005 年時，
居然在阿肯色州的沼澤地
拍到令人震驚的影像，捕捉到
象牙喙啄木鳥的蹤影！

因此，象牙喙啄木鳥是否存活的討論相當熱烈，
只是仍沒有決定性的證據，所以認為攝影機拍到的
其實是另一種叫北美黑啄木鳥的論點依舊盛行，
否定象牙喙啄木鳥存活的可能。

據說象牙喙啄木鳥在啄樹木時，
會傳來連續的兩次敲擊聲。

這種聲音，現今仍舊在森林深處迴盪著嗎？

北美黑
啄木鳥

嗙？

種子島馬

活生生的牛，活著的馬

⟨*Equus caballus*⟩

分類：哺乳綱奇蹄目馬科／全長：高 120 公分

推測體重：不明／分布地域：日本（種子島）／滅絕：1946 年

曾被飼育在種子島的世界珍稀馬類！

由於瀏海、鬃毛和尾巴的毛少，這些特徵跟牛很像，所以又名「牛馬」。

很像？

進食的牛

種子島的樂隊＊

叭一
噗一 ♬
嘩一 ♪

好重

1931 年（昭和 6 年）時以「稀有動物」成為日本的

天然紀念物。

皮膚很薄也是罕見的特徵。

原本不是日本的馬，在 1598 年的慶長之役時，由島津義弘從朝鮮帶了 10 幾隻來。

在種子島上繁殖成功，至 1870 年時已有 50 隻。

直到公部門的畜牧場被廢止後，所有的種子島馬被釋放到民間，但由於一般的農家很難飼養，數目就遞減了。

由於尾巴上沒有毛，據說趕蟲趕得很辛苦。

嗡嗡
嗡嗡
俺死了

到了 1889 年時，島上只剩下一隻雄馬。

好寂寞啊

真遺憾

在那之後，大富豪田上七之助雖然致力於種子島馬的繁殖，生產出 24 隻，但最後一隻在 1946 年（昭和 12 年）

死亡後，種子島馬從此滅絕。

接受槍砲等的外來文化而發展的種子島，
種子島馬的存在應該會是個苦澀的回憶而被傳承下去吧！

＊仿《布萊梅的樂隊》。

新生代第四紀② 全新世

再也見不到的牛？
原牛 〈*Bos primigenius*〉

分類：哺乳綱鯨偶蹄目牛科／全長：2.5 ～ 3.1 公尺

推測體重：600 ～ 1000 公斤／分布地域：歐洲、北美、亞洲／滅絕：1627 年

相當於家畜牛祖先的野牛！

角的兩端最大寬度為 1.5 公尺。

從數萬年前到歷史時代，都生活在歐亞大陸南部的草原或森林中。

被洞獅捕食的可能性很高。

是肉！

年資萬。同吧。

在拉斯科壁畫上也畫著牠們。

在公元 700 年時，法國的皇室有特權可進行狩獵。

由於濫捕及農地開發、傳染病等導致數量減少，終於在 1627 年的某一天，在波蘭的森林中發現一隻死亡的老年母牛，而那是僅存的最後一隻，原牛就此滅絕。

遺憾啊

也嘗試使用遺傳上和原牛接近的牛進行交配，製造出「看起來像原種」的物種。

完全一致

有點不一樣

話說如此，即使真的成功，一樣的也只有外表而已。所以防止滅絕才是最重要的事啊！

新生代第四紀②全新世

亞熱帶島嶼上的歌手
小笠原朱雀

<Carpodacus ferreorostris>

分類：鳥綱雀形目雀科／全長：17～19公分

推測體重：不明／分布地域：日本（小笠原群島）／滅絕：1828 年

曾經棲息在小笠原群島上的美麗小鳥！
以優美的鳴叫聲聞名。

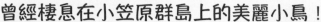

朱雀類的同伴們

長尾雀

松雀

北朱雀

單人卡拉OK

將想要飛到
遠～方♪

和頭相比，相對大型
的喙部很醒目。

1828 年最後一次捕獲個體
就再也沒有記錄，被認為
已經滅絕。

滅絕的原因並
不清楚。

是否因為不怕人類、
有優美的鳴叫聲及外觀使
小笠原朱雀被捉光了？但是無法
食用的小鳥不太可能成為濫捕的對象。

順帶一提，「朱雀」的
日文漢字寫成「猿子」。

可能是紅色的臉和
紅色的屁股
產生聯想？

噝？

滅絕的主因推測是人類從外地帶到島上的動物。

雖然會捕食蛋和雛鳥的溝鼠也是威脅之一，但不管
怎麼說，第一名的捕食者都是家貓！

噗

喵～

嗚

嗚哇！

俺是貓塾塾
長，貓島喵
八是也！

魁!!貓塾*

快走開

就是啊

家貓是現今動物界中最為可怕的獵人，
無論在街道上、小島上或世界各地都一樣。

* 仿漫畫《魁！！男塾》。

新生代第四紀②全新世

消失的蛙*

金蟾蜍 ⟨*Incilius periglenes*⟩

分類：兩生綱無尾目蟾蜍科／全長：約 5 公分

推測體重：不明／分布地域：哥斯大黎加／滅絕：1989 年

有美麗橘色外觀的青蛙。

英文名為「Golden Toad」
（黃金蟾蜍）。

哥斯大黎加的**原生種**。
發現於 1966 年。
全長 5 公分。

墨西哥
哥斯大黎加

雌蛙的背
部有紅色
斑紋。

雄性　　雌性

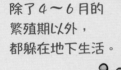
好暗～

除了 4～6 月的
繁殖期以外，
都躲在地下生活。

嘓 嘓 嘓 嘓
呱 呱 呱

安靜無聲……

靜默的
青蛙

只要一到繁殖期就會同時出現，
把熱帶雨林染成一片橘色。

從某個時期開始完全消失無蹤，
最後的目擊記錄是在 1989 年。

雖然目前是以**乾旱**及**蛙壺菌病的流行**、
紫外線的增加等原因加疊導致牠們滅絕為最有力的說法。
但也無法 100% 確定牠們真的已經滅絕。
金蟾蜍也是「**最被期待再發現的
10 種物種**」之一。
簡直就像橘色夕陽西沉般消失無蹤的蟾蜍，
像朝日升起般再次現身的日子是否會來到呢？

久等了～
青蛙的破曉～

＊ 原作「Gone Frog」，為仿電影《控制》的英文片名「Gone Girl」。

新生代第四紀②全新世

111

蝙蝠，我餓了
關島狐蝠 <*Pteropus tokudae*>
分類：哺乳綱翼手目狐蝠科

全長：約40公分／推測體重：不明／分布地域：關島／滅絕：1968年

曾棲息在關島的大型蝙蝠！
英文名為Guam Flying Fox（關島的飛狐）。

以果實和花蜜為食。

綜合水果禮盒

狐蝠又稱為果蝠。

牠的肉以**美味**聞名！
對當地的原住民來說，牠們原本是很普遍的食材，但當關島成為熱門觀光地後，狐蝠料理也跟著成為關島的**特色菜**，於是濫捕導致數量遽減。

白天倒掛在樹上睡覺。

1968年時被擊落的那隻，是最後一隻。

牛肉、雞肉，還是蝙蝠？

蝙蝠

可是狐蝠料理現今依舊很熱門，據說是從**別處進口狐蝠**，才讓這種飲食文化得以繼續存在。
人類的**食慾**及**好奇心**強大到能把整個物種逼到滅絕的境地啊！

兩隻腳的小袋鼠
圖拉克袋鼠 <Macropus greyi>

分類：哺乳綱雙門齒目袋鼠科

全長：76～84 公分／推測體重：不明／分布地域：澳洲／滅絕：1937 年

曾棲息在澳洲南部的小袋鼠！

在 1846 年被發現時的數量很多。

課長圖拉克袋鼠*

我是條紋

我也是

體長 76～84 公分。

袋鼠和小袋鼠的差異幾乎只有「大小」，沒有明確的定義。

原來如此

袋鼠

第一次知道

小袋鼠

還有體型居中的「大袋鼠」。

隨著 19 世紀來自歐洲的移民增加，
開拓與狩獵頻傳！

再加上被農民當成有害的動物，還發布懸賞，許多小袋鼠都被殺死了。

火上加油的是引進澳洲的肉食動物。

兼具強力的肌肉及敏捷的動作，
有著運動健將般的體能。

以長長的尾巴維持平衡。

KON

移民組成狩獵俱樂部，並用船將
紅狐帶進澳洲野放！

在不斷增加的紅狐之下，
小袋鼠完全無計可施，
終於在 1937 年消失無蹤。

笑一個～

短尾矮袋鼠

心的樣子真好，很開

沒有滅亡。

新生代第四紀②全新世

* 仿漫畫《課長島耕作》，圖拉克袋鼠的日文直譯為條紋袋鼠，而「條紋」的日文發音跟「島」一樣。

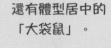

永遠的老虎
爪哇虎
⟨*Panthera tigris sondaica*⟩

分類：哺乳綱食肉目貓科

全長：2.5公尺／推測體重：100～140公斤／分布地域：印尼（爪哇島）／滅絕：1980年代

曾棲息在印尼爪哇島的老虎！

蘇門答臘虎
蘇門答臘島
爪哇島
爪哇虎
輕貨卡

在當地以會**毀損農作物**
或傷害家畜而聞名，
因此被獵捕或毒殺。

太慘了

毛皮被拿來交易。

再加上農地開發導致爪哇虎
棲息的熱帶雨林**減少**，
以鹿為首的**食物**也**減少**，
於是踏上滅絕之路。

體長約
2.5公尺。

條紋很細。

頸部周圍有
短鬃毛。

雖然被認為在1980年代就已滅絕，
但在印尼萬丹省的烏戎庫隆國家公園**仍有爪哇虎**
生存的可能性，於是從2017年
開始正式的調查。

據說還有拍到
牛的屍體……

到底在看什麼
啊，喂

在巡邏時發現很像
爪哇虎的動物，並
且有拍攝照片。

好好保護
蘇門答臘虎
瀕臨滅絕物種

要是確認牠們還存活，就是自
最後一隻死亡以來，**相隔約30年再發現**。
（只不過是把豹錯看成爪哇虎的可能性也不容忽視）

若能再次發現瀕臨滅絕危機的老虎的話，
就是最棒的新聞了，期待後續的報導。

消逝的水獺？
日本水獺

⟨*Lutra lutra nippon*⟩（日本本州以南亞種）

分類：哺乳綱食肉目貂科

全長：65〜80公分／推測體重：5〜10公斤／分布地域：日本／滅絕：2012年

曾經是**廣泛棲息於日本各地的
水獺**！據說昭和初期，
在東京的隅田川等地也能看到牠們。

由於需要吃許多的食物
（每天要吃1公斤的魚類和甲殼類），所以
當河川的水質惡化就變得不適生存，
以及**人類的濫捕**導致數量減少。

終於在**2012年
8月**被低調的宣告
滅絕，但是……

很擅長游泳，很親人。
用後腳站立的姿態，讓牠
們成為河童的原型。

沒有盤子
重畫。

是水獺
祭典喔！

喔耶♪

獺祭

也成為日本酒
商標的由來。

万是祭典
啦！

2017年，在長崎縣對馬的
自動相機拍攝到水獺！

？

拜拜

由於發現活著的水獺已睽違38年了，
所以專家學者們也非常興奮。

搞不好是日本水獺？

這種說法也出現了。
但是從韓國沿岸漂來或游到這裡來定居的
歐亞水獺的可能性也很大。
話說回來，要是真的是
殘存的日本水獺呢？
真是讓人雀躍不已的
話題啊！

就說万是祭典
啦！

嘿呦♪

正港的
水獺祭典

祭

小爪水獺

獺祭

115

天空的霸主
哈斯特巨鵰

〈*Hieraaetus moorei*〉

分類：鳥綱隼形目鷹科

全長：3 公尺／推測體重：14 公斤／分布地域：紐西蘭南島／滅絕：約 1500 年

主宰紐西蘭的史上最大猛禽類！

別名：摩氏隼鵰
翅膀展開時的寬度據
說可達 **3 公尺**。

!!

以時速 **80 公里** 襲擊
鳥類和各種動物！

也有會吃巨恐鳥
幼鳥的說法。

好可怕

鴞鸚鵡
等不會
飛的鳥也
是捕食對象。

雜魚

等等～

哼～

我是蝙蝠

嗯～

由於紐西蘭的陸生哺乳動物
只有蝙蝠，所以哈斯特巨鵰不必跟
哺乳類競爭，就能**站在生態系的頂點**。
但是即使是島上最強的鳥類，也無法與
某種「哺乳類」為敵。沒錯，就是
「**人類**」（毛利人）。

由於缺少獵物，「史上最大老鷹」
的身影也從地球上消失了。
但是毛利人卻有一個源自哈斯特巨鵰的
大型猛禽類 **Pouakai** 的傳說流傳著，
讓牠威風凜凜的姿態可以永久口述傳承下去。

我是傳說。

像薔薇般的鴨子
粉頭鴨 〈*Rhodonessa caryophyllacea*〉

分類：鳥綱雁形目雁鴨科

全長：35 公分／推測體重：0.8 ～ 1.4 公斤／分布地域：印度／滅絕：約 1950 年

曾棲息於印度廣大濕地的鮮艷潛水鴨！

分布於恆河上游。

嘿壩！

嗚搭壩！

從頭到頸部是像**玫瑰般明亮的粉紅色**！

潛水抓魚。

嗚哇！

粉紅色的玫瑰×鴨

橘色的眼睛。

在水邊的草叢築巢。

原本就是數量稀少的珍貴鳥類，當**肉**跟**羽毛**開始被標上高價後，就因為**濫捕**而逐漸消失身影。

據說最後一隻是被印度大吉嶺博物館的研究人員所獵捕。

抓來了

癱軟

幾乎沒有目擊記錄，一般認為在 1950 年就確定滅絕了。

雖然已不在了

印度鳥類圖鑑

由於粉頭鴨美麗的體色受到人們喜愛，即使已滅絕，仍常成為郵票及圖鑑封面的圖案，繼續擔任**象徵印度的鳥類**。

1100

南島的浣熊
巴島浣熊

⟨*Procyon lotor gloveralleni*⟩

分類：哺乳綱食肉目浣熊科

全長：50 公分／推測體重：5～8 公斤／分布地域：巴貝多島／滅絕：約 1970 年

曾生活在加勒比海島國「巴貝多」的浣熊。

比北美的浣熊稍小。

真矮

矮熊熊

住在樹洞裡。

啊～......

兒子啊

雨總會停的。

乾熊熊

是沒錯啦！

巴貝多

雖然是個小島，卻是個獨立國家。

國旗

巴貝多

也是葡萄柚的原產國。

好酸！

酸熊熊

18 世紀中期，被視為損害農作物的有害動物而成為驅除對象。

19～20 世紀時，由於國際毛皮貿易發達，對象因珍貴稀有的毛皮成為標的物。

其他

還有為了當做寵物而濫捕，農地開發導致棲息地減少，再加上狂犬病的蔓延......

在面臨各種各樣的苦難後，於 1970 年時確認滅絕。

帽子

真悲慘

悲慘熊熊

巴貝多難過熊熊

好傷心

即使是兼具堅韌及智能，而能在現代都市中大為繁盛的浣熊，只要多種不利的條件交疊，很容易就會消失了。

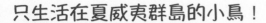

吸吸熱帶——一種管舌鳥
夏威夷監督吸蜜鳥
⟨Drepanis pacifica⟩

分類：鳥綱雀形目雀科

全長：10～12公分／推測體重：不明／分布地域：美國夏威夷州／滅絕：約 1898 年

只生活在夏威夷群島的小鳥！

鳥如其名，吸食花蜜過日子。

是靠占人便宜＊維生的吧！

休嗚

可以不要那樣說嗎？

管舌鳥曾有 32 種。

多樣性

夏威夷白臀吸蜜雀

毛伊島厚喙雀

短嘴導顎雀

喙部的形狀和長度會依種類而不同。

下方緩緩彎曲的**長長喙部**在當地被稱為「Mamo」。

咦？

平常的花呢？

不是這個

由於只能吸食配合喙部形狀的花蜜，只要那些花因農地開發等原因而減少，就沒辦法生存了。

這我也沒辦法

此外，自古以來為了**裝飾用**而被濫捕，於是在 1898 年滅絕了。

嗚～～嗚

夏威夷監督吸蜜鳥的黑底黃色羽毛特別受歡迎。

人類帶來的鳥瘧疾或禽痘病毒等**熱帶特有的傳染病**，據說也是滅絕的原因之一。

在美麗南國優雅飛舞的鳥類世界，其實是建立在**微妙的平衡上**。

＊「吸蜜」的日文有靠占人便宜過日子的雙關語意。。

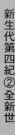

新生代第四紀②全新世

開往滅絕的雲霄飛車
新英格蘭黑榛雞 <Tympanuchus cupido cupido>

分類：鳥綱雞形目雉科

全長：40 公分／推測體重：900 公克／分布地域：新英格蘭地區／滅絕：1932 年

又被稱為草原榛雞。

日本
岩雷鳥

來、啦、
來～呀

到 18 世紀後半為止，
被視為營養又便宜的
食用肉類而受到
重視。

名字源自於牠們棲息在
新英格蘭中長著茂密歐
石楠的荒地。

為了吸引雌鳥注意，雄鳥
會把位於頸部兩側的氣囊
鼓脹起來進行
求偶。

鼓起～
鼓起～
雄鳥
唉呀
雄鳥

咯喔喔喔喔喔
嗚哇！

為了食用而濫捕，到 **1870
年**時個體數就**劇減**了！

但由於制定了「**黑榛雞保護
區**」，在 **1916 年**時數量回
復到 **2000 隻**。

又因為棲息地發生大規模的天然火災，導致牠們的數量再度減少！
就像火上加油般加上疾病的蔓延，在 **1927 年**時僅剩下 **12 隻**。
到了 **1932 年**，最後一隻被命名為 Booming Ben 的
新英格蘭黑榛雞死亡而**滅絕**。在約 20 年間，
新英格蘭黑榛雞就走上悲慘的命運。
但因為牠們是**美國人最早想從
滅絕邊緣拯救回來的鳥類**，
至今牠們的名字仍舊深深刻在大家的記憶中。

COCCO NEWS
追悼……
黑榛雞滅亡

刊載於
1933 年 4 月
的報紙上。

燃燒
殆盡了

狐狸狼？
福克蘭狼 〈Dusicyon australis〉

分類：哺乳綱食肉目犬科

全長：90～100公分／推測體重：20公斤／分布地域：福克蘭群島／滅絕：1876年

曾經只棲息在福克蘭群島的動物！

福克蘭群島

從外觀無法分辨是狐狸還是狼，又被稱為 Fox Like Wolf。由於完全不害怕人類、能輕易獵捕，所以在1834年達爾文造訪島嶼時就預言：

福克蘭狼會走上和度度鳥一樣的命運……

而事實上也真的是這樣。

在1876年獵捕了最後的一隻。

這什麼？
要吃嗎？
海綿？
雖然很可愛。
噁？
度度鳥
果然如此
老達爾文
嗚哇！

以雁鴨等的鳥類為食。

體長約為1公尺。

毛很密又柔軟。

福克蘭狼是定居在島上的唯一一種原生種犬科動物。
為什麼這種狼會抵達距離南美大陸500公里遠的福克蘭群島，**謎團**至今尚未解開。
「是野生化的寵物狗嗎？」「是和漂流木一起來的嗎？」
等關於牠的起源有各種說法，但是不論何者的證據都很薄弱。
在2009年時殘留的毛皮抽取出**DNA**，
發現福克蘭狼是在南美洲大型化的**南美特有犬科動物**。然後，也出現在冰河時期順著凍結的冰原走到島上來的說法。
不可思議的滅絕狼，其經歷也充滿了不可思議。

搖晃漂流

歡迎光臨
福克蘭島
好冷啊～
看到島了喔～

藍馬羚

〈*Hippotragus leucophaeus*〉

分類：哺乳綱偶蹄目牛科

全長：1.8～2.1公尺／推測體重：160公斤／分布地域：南非／滅絕：1800年

以美麗的藍色身影在草原奔跑的動物！

具有美麗的藍灰色毛皮而被稱為「藍鹿」。

雖然看起來很像鹿，其實是牛科動物。

藍馬羚牧場

嘸？

哞～

微微後彎的角。

藍巴克咖啡

好暖和

←把手

短短的鬃毛。

以小群體平和的在乾燥的草原或林子食用植物的葉子維生。

由於棲息地南非生產許多的金子和鑽石，所以很早就被開發了。

死在非洲

因為藍馬羚的**美麗毛皮及角相當稀有，而成為狩獵或運動狩獵的對象，**在未經保護的狀態下於1800年滅絕了！

藍馬羚就此獲得「**非洲最早滅絕的大型哺乳類**」這個悲哀的稱號。

万開心

因美麗而殞落
三色金剛鸚鵡 〈*Ara tricolor*〉

分類：鳥綱鸚形目鸚鵡科

全長：40～50 公分／推測體重：不明／分布地域：西印度群島／滅絕：1885 年

羽毛極鮮艷、美麗的大型鸚鵡！

大清早就在森林聚集高聲鳴叫，
互相對唱後，到了傍晚再
各自返回自己的居處。

啦啦鸚鵡*

經常在 17 世紀
描繪天堂的繪畫
中登場。

能用以強健的喙部
啄開很硬的樹實！

三色金剛鸚鵡因美麗而相當受歡迎。

17 世紀的有錢人用牠美麗的
羽毛裝飾帽子或服裝。

也流行當寵物飼養。

也有把頭和舌頭當成美
味佳餚食用的說法？

好時髦啊！

好窄
啊

美 美 美味

在持槍的人類面前，因開發農地、砍伐森林而失去
藏身之處的三色金剛鸚鵡，很快就滅亡了。

對美麗的生物來說是最可怕的天敵……再怎麼說都是人類啊！

* 仿電影《*La La Land*》（樂來越愛你）。

新生代第四紀②全新世

夢幻的翠鳥？
宮古翠鳥 <Todiramphus cinnamominus miyakoensis>

分類：鳥綱佛法僧目翠鳥科

全長：20公分／推測體重：不明／分布地域：日本（宮古島）／滅絕：1887年

只棲息於宮古島的一種翠鳥！

竟然只有1887年在宮古島採集到**唯一一隻標本，完全沒有其他的觀察、採集和攝影記錄！**

又叫琉球翠鳥。

據信是學者也是冒險家的田代安定在宮古島的調查中捕獲，製成標本保管。

在1919年被認定為是新鳥種，並給予學名。

田代安定

新發現

真的嗎？

好帥！

琉球風獅

嗚哇！

和密克羅尼西亞翠鳥很像。

是啊！

但也有人質疑「宮古翠鳥」事實上**並不存在，可能只是碰巧來到宮古島，或被帶去的密克羅尼西亞翠鳥？** 既然標本只有一件，發現者留下來的記錄也很少的話，想對宮古翠鳥進行相關議論就很難了。宮古翠鳥究竟是「**夢幻物種**」，還是**實際存在**的鳥類？不發一語的標本被包裹在謎霧之中。

我思故我在……

這樣可以嗎？

嗚哇！

翠鳥大大

令人無法置信的化石
白令鸕鷀 <Phalacrocorax perspicillatus>

分類：鳥綱鵜形目鸕鷀科／全長：1 公尺

推測體重：6 公斤／分布地域：白令島～日本（青森縣）／滅絕：約 1850 年

鸕鷀類中最大型的鳥！

在眼睛周圍的模樣是名字的由來。

眼鏡鸕鷀

北方美食

哦，螃蟹嗎？

嗚哇！

棲息在堪察加半島東部的白令島。

白令島

由於不太擅長飛行，肉又很美味可口，所以因此**被人類獵捕殆盡**的可能性很高。

碰咚

嗚哇！

約在 1850 年發表牠們滅絕了。

白令鸕鷀原本被認為是
白令島的特有種……

令人大吃 一驚！

化石

但是居然在距離白令島約 2400 公里遠的日本**青森縣尻屋**，發現白令鸕鷀的化石！

白令島
好賓鴦
尻屋

於是發現在大約 12 萬年前白令鸕鷀不是只有在白令島，而是分布於包含**青森縣在內的寬廣範圍裡！**

由於氣候變動導致青森周邊海域的食物減少，被人類發現時，分布區域似乎已經減少了大半。

由小小化石的發現，有時會改變**生物的發展**過程，呈現完全**不同的樣貌！**

哦，這是腳嗎？

別吃我

河裡的可愛江豚？
白鱀豚 〈Lipotes vexillifer〉

分類：哺乳綱鯨偶蹄目白鱀豚科／全長：2.3～2.6 公尺

推測體重：約 160 公斤／分布地域：中國（長江）／滅絕：2006 年

在漫長的 **2000 萬年**間都生活在長江中，
被稱為「**長江女神**」的一種江豚！

全世界現存的江豚有 4 科

長江女神

你好

被人類捕獲、和船隻衝撞等的情況多，再加上河邊的化學工廠汙染河川，也加速了牠們的減少。

抱歉了

咕嚕嚕嚕嚕

牠們的個體數在 20 世紀末期
遽減！在 2002 年時最後
一次目擊，就再也沒人
看過了。

鼠海豚科

恆河豚科

亞河豚科

來聚會？

拉普拉塔河豚科

視力很弱，
利用超音波
回聲來尋找
獵物。

啪搭

呀呼～

但在 **2016** 年，
保育人員及漁夫居然**目擊**到在
長江上活潑跳躍的白鱀豚！

只不過也可能是把中國唯一確認存活的
鯨豚類「長江江豚」誤認為白鱀豚，所
以專家對白鱀豚的生存感到懷疑。

與其抱著虛渺的希望，保護瀕臨絕種的
江豚才是更重要的事吧！

嗳～

長江江豚

你在嗎？

ㄫ在喔！

ㄫ在啊！

笑不出來的命運
笑鴞 〈*Sceloglaux albifacies*〉
分類：鳥綱鴞形目鴟鴞科／全長：38～47公分

推測體重：600公克／分布地域：紐西蘭／滅絕：1914年

曾大量棲息在紐西蘭的貓頭鷹。

特徵是聽起來**像人類笑聲的獨特鳴叫聲**，記錄到
非常多種多樣的笑鴞鳴叫聲！

像把陰沉的悲慘叫聲
串在一起的叫聲。

食物是
小動物。

呵哈哈哈一呵呵

呵哈哈哈

嘻嘎嘎嘎

呵哈哈

呀呼 呵嘎 呵哈哈哈

呵哈哈哈

嗚哇！

呼呵呵

像是狗叫般
的聲音。

叫鳴 哇鳴

在地面上
築巢。

像是兩個男人
在大叫的聲音
……等。

呀呵 呀呵 呀呵
呀呵！？

那是笑聲嗎？

呵哈！

人類為了要驅除穴兔而引進**矇眼貂**
和**白鼬**，卻讓笑鴞遭受**捕食**，
在1914年確認滅絕了。

呵
哈哈

呵哈
哈哈

呵哈哈
哈哈哈一

笑鴞的「笑聲」再也無法在森林中迴盪……
但是把牠們逼至滅絕境地的人類
總有一天也會走向滅亡，牠們也許正在
邊發出大笑聲，邊等待著那個日子的來到。

現在是第六次大滅絕？！

從地球誕生、生命誕生，一直到到現在為止，發生過 **5 次生物大滅絕**。

次數	地質時代・發生滅絕的年代		滅絕的主要動物及滅絕率
1	古生代	奧陶紀末 約 4 億 4400 萬年前	主要動物為三葉蟲、腕足類、珊瑚類等，有85%的生物種類滅絕了。
2		泥盆紀後期 約 3 億 7400 萬年前	主要動物為鄧氏魚等，有82%的生物種類滅絕了。
3		二疊紀末 約 2 億 5100 萬年前	地球上所有生物種類滅絕了90～95%。
4	中生代	三疊紀末 約 2 億年前	主要動物為菊石和爬蟲類等，有80%的生物種類滅絕了。
5		白堊紀末 約 6600 萬年前	主要動物為大型爬蟲類、恐龍類等，有70%的生物種類滅絕了。

而現在，正迎接**第六次生物大滅絕的時代**，據説是包含**人類在內的所有物種都面臨滅絕的危機**。滅絕原因正是我們人類。

如今的地球，由於人類活動導致自然環境持續被破壞。森林的破壞及大量燃燒化石燃料，讓二氧化碳和甲烷被大量排到大氣中，結果造成**地球暖化**的情況持續惡化。這次地球暖化的情況據説和過去的**第四次生物大滅絕**（主因是火山爆發釋出大量二氧化碳等溫室效應氣體，使暖化持續惡化）**很相像**。

照這樣下去，**許多生物都會因為無法適應急遽改變的環境而滅絕**。人類也可能會在未來類似這本書的書中被介紹也説不定。

什麼是「紅皮書」？

由野生生物的專家**評估物種的滅絕危險度**，並將**結果列在清單上**，稱為紅色名**錄**；而將列舉於紅色名錄上的物種**生活狀況及生存受威脅的原因等加以解說**的書，稱為**紅皮書**。

在IUCN（國際自然保育聯盟）紅色名錄中，將評估過的物種依滅絕危險度分成以下8個等級：

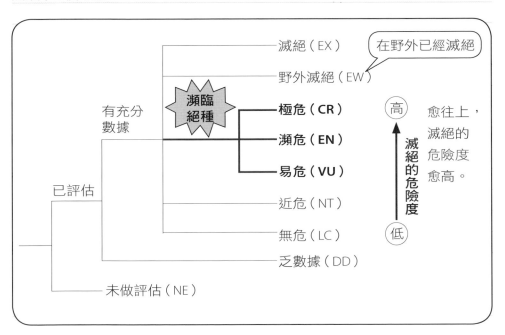

至2017年12月撰寫這本書時，IUCN評估了現存於地球上並已命名大約**190萬種**生物中的9萬1523種（包含動植物及菌類），將其中**2萬5821種**列為瀕臨絕種**物種**。在2017年度版本發表時，日本的金鵐（*Emberiza aureola*）保育等級從「**瀕危**」**被提升成**「**極危**」。另一方面，也有像北島**鷸鴕**（*Apteryx mantelli*）由於**保育活動的關係**，保育等級從「**瀕危**」降為「**易危**」的好消息。為了今後能讓更多生物從瀕臨絕種的名單上移除，人類必須要繼續努力才行。

為了阻止滅絕

對於被列在紅皮書上的物種，**世界各國開始進行各種保育活動**，也獲得一些成果。下表為其中的幾個例子：

生物種	狀況及主要的保育活動	成　果
黑腳貂 （Mustela nigripes）	在1996年被視為野外滅絕，在進行飼養繁殖後，誕生了6000隻以上。	保育等級在2008年從「野外滅絕（EW）」降為「瀕危（EN）」。
藍岩鬣蜥 （Cyclura lewisi）	有一段期間野生的個體數降到25隻以下，在進行飼養繁殖後，誕生了600隻以上，並野放至保護區。	「極危（CR）」。
藏羚 （Pantholops hodgsonii）	由於毛皮遭到濫捕，在1990年代減少到不超過7萬2500隻，在嚴格實施對盜獵者的對策後，數量回復到10～15萬隻。	2016年時，保育等級從「瀕危（EN）」降至「近危（NT）」，不再是「瀕臨滅絕物種」。
馬約卡產婆蟾 （Alytes muletensis）	由於捕食者或棲地競爭、因開發導致存活數量減少，因此實施移除捕食者的保育計畫、飼養繁殖和再野放，以及其他保育活動。	2006年時，保育等級從「極危（CR）」降至「易危（VU）」。
靛藍金剛鸚鵡 （Anodorhynchus leari）	根據國際交易量，在1983年推測存活數約為60隻。現被華盛頓公約及巴西的法律所保護。此外，在繁殖地進行監視，並持續取締盜獵者、走私者和採集者。	2009年時，保育等級從「極危（CR）」降至「瀕危（EN）」。

除此之外，還有各種保育活動也在進行中，**從滅絕危機中被拯救的動物數量也在增加**。為了不讓因人類的任性而消失的動物繼續增加，我們必須好好的思考，身為生活在地球上的生物之一，究竟能夠做些什麼事。

後　記

　　嗚哇 ──！（←問候）各位充滿奇怪好奇心、有怪癖的愉快人類，大家好。我是滅絕使者沼笠航。這本《奇怪的滅絕動物超可惜！圖鑑》看得還開心嗎？

　　不過話說回來，「滅絕」這兩個字聽起來的感覺還真是恐怖、強烈啊！絕望的絕、破滅的滅。即使是還不會閱讀的小朋友，可能都能從字面感受到「無法再度重現的某種糟糕事物」的強烈氛圍。即使在言語的力量有點不值錢的現代，依舊強烈的詞句……就是「滅絕」。

　　在歷史上，地球上的生物共經歷了五次大滅絕。這種地球規模的重大危機又被以「Big 5」這種感覺有點帥氣的名字稱呼。「Big 5」中最近的一次是恐龍的滅絕。以恐龍的觀點來看，好不容易跨越各種苦難，終於掌握了地球的霸權，卻因為隕石的撞擊（雖有各種不同的說法）等無法避免的事情發生，並因此滅亡，令人感到「怎麼會有這種事」，沒天理、沒道理到極點。

　　而人類則是在讓人無法置信的幸運及厄運下，經歷如此嚴峻的大滅絕並存活、演化下來的生物後代。

　　但是，地球似乎又即將面臨第六次生物大滅絕的造訪。假如要以此幫電影取片名的話，應該就是「大滅絕6」吧！第六部作品，不過到了第六次，這次生物大滅絕的反派角色究竟會是多大的隕石、大怪獸、還是未知的病毒？當然不會是上述的其中一個，真正的大壞蛋是我們人類。

　　要用一句話來述說人類最可怕的能力，應該就是「智

永遠的恐鳥……

度度鳥……

力」吧！人類憑著「智力」製造出各種各樣的工具及武器，組成團體、合作協力使其他動物走入陷阱，又能在各種不同的地點間輕鬆移動，在地球這個舞臺上持續「獲勝」。「智力」就是如此占有壓倒性的優勢。（雖然動物也有人類無法理解的智力）。

應該有不少古道熱腸的讀者在得知人類使用這種優秀的「智力」對史特拉海牛及大海雀做出殘酷戕害後，氣憤的認為「人類，不可原諒」吧！人類是會為了滿足自己的慾望，持續對其他動物進行殺戮、將牠們逼至滅絕境地的生物。這不是遺憾而已，是殘忍的生物。回顧過去，就會發現這種看法是正確的。

但同時，能繼續流傳已滅絕的動物事蹟，從化石想像牠們原本過著什麼樣的生活、閱讀滅絕動物的書本、注意不要重蹈過去的覆轍、實際的將動物從滅絕邊緣救回來的動物，也是只有人類而已。人類這種生物，真的是很機巧、複雜的生物啊！

人類因為「智力」成為地球上最糟糕生物，同時也基於「智力」，隱藏著成為地球上最好生物的可能性。像這樣閱讀書籍，可能也是使我們往好動物邁進的方法之一。請一定要拿著書去博物館參觀，或閱讀更專業的書籍，懷想曾經在地球上歌頌生命的那些獨特動物們的故事。在此對躲過幾次生物大滅絕的地球動物及人類的未來，加以祝福。

沼笠航

參考文獻

- 《新版滅絕哺乳類圖鑑》（新版滅哺乳類図鑑）（丸善）
- 《古第三紀・新第三紀・第四紀的生物》（古第三紀・新第三紀・第四紀の生物）上下卷（技術評論社）
- 《遠古的哺乳類展》（太古の哺乳類展）図錄（日本國立科學博物館）
- 《滅絕動物資料檔案》（絕滅動物データファイル）（祥傳社）
- 《已滅絕的奇妙動物》（絕滅した奇妙な動物）1・2（Bookman社）
- 《厲害的古代生物》（すごい古代生物）（Kino Books）
- 《謎的滅絕動物們》（謎の絕滅動物たち）（大和書房）
- 《學研漫畫新・祕密系列 滅絕動物的祕密》（學研まんが新 ひみつシリーズ・絕滅動物のひみつ）1〜4（學研教育出版）
- 《滅絕動物調查檔案》（絕滅動物調 ファイル）（實業之日本社）
- 《滅絕動物最強王圖鑑》（絕滅動物最強王図鑑）（學研Plus）
- 《國家地理》日本版官網

索引 & 學名對照

國家圖書館出版品預行編目

奇怪的滅絕動物超可惜！圖鑑/沼笠航著；張東君譯.
初版. -- 臺北市：遠流, 2020.03　面；　公分.
　　ISBN 978-957-32-8686-8（平裝）
1.動物圖鑑 2.通俗作品

385.9　　　　　　　　　　108019198

奇怪的滅絕動物超可惜！圖鑑

作者/沼笠航
譯者/張東君
監修/松岡敬二
審訂/蔡政修

責任編輯/謝宜珊（特約）
封面暨內頁設計/吳慧妮（特約）
出版六部總編輯/陳雅茜

發行人/王榮文
出版發行/遠流出版事業股份有限公司
地址/臺北市中山北路一段11號13樓
電話/02-2571-0297　傳真/02-2571-0197
郵撥/0189456-1
遠流博識網/www.ylib.com
電子信箱/ylib@ylib.com
ISBN 978-957-32-8686-8
2020年3月1日初版
2022年8月8日初版四刷
版權所有‧翻印必究
定價‧新臺幣380元

ZETSUMETSU DOBUTSU ZUKAN HAIKEI JINRUISAMA BOKUTACHI ZETSUMETSU SHIMASHITA
by Watari Numagasa
Supervised by Keiji Matsuoka
Copyright © 2018 Watari Numagasa/Keiji Matsuoka/EDIT CO.,LTD./PARCO CO.,LTD.
All rights reserved.
Original Japanese edition published by Parco Publishing
Traditional Chinese translation copyright © 2020 by Yuan-Liou Publishing Co., Ltd.
This Traditional Chinese edition published by arrangement with Parco Publishing
through Tuttle-Mori Agency, Inc., Tokyo, and AMANN CO., LTD., Taipei.